Wolfgang Stegmüller

Probleme und Resultate der Wissenschaftstheorie und Analytischen Philosophie, Band I
Erklärung – Begründung – Kausalität

Studienausgabe, Teil E

Teleologische Erklärung, Funktionalanalyse und Selbstregulation
Teleologie: Normativ oder Deskriptiv?
STT, Evolutionstheorie und die Frage Wozu?

Zweite, verbesserte und erweiterte Auflage

Springer-Verlag Berlin Heidelberg New York 1983

Professor Dr. Dr. Wolfgang Stegmüller
Hügelstraße 4
D-8032 Gräfelfing

Dieser Band enthält das Kapitel VIII der unter dem Titel „Probleme und Resultate der Wissenschaftstheorie und Analytischen Philosophie, Band I, Erklärung – Begründung – Kausalität" erschienenen gebundenen Gesamtausgabe

ISBN 3-540-11810-1 broschierte Studienausgabe Teil E
Springer-Verlag Berlin Heidelberg New York
ISBN 0-387-11810-1 soft cover (Student edition) Part E
Springer-Verlag New York Heidelberg Berlin

ISBN 3-540-11804-7 gebundene Gesamtausgabe
Springer-Verlag Berlin Heidelberg New York
ISBN 0-387-11804-7 hard cover
Springer-Verlag New York Heidelberg Berlin

CIP-Kurztitelaufnahme der Deutschen Bibliothek
Stegmüller, Wolfgang: Probleme und Resultate der Wissenschaftstheorie und analytischen Philosophie/Wolfgang Stegmüller. – Studienausg. – Berlin; Heidelberg; New York: Springer
Bd. 1. Erklärung – Begründung – Kausalität.
Teil E: Teleologische Erklärung, Funktionalanalyse und Selbstregulation; Teleologie: normativ oder deskriptiv? STT, Evolutionstheorie und die Frage Wozu? – 2., verb. u. erw. Aufl. – 1983.
ISBN 3-540-11810-1 (Berlin, Heidelberg, New York)
ISBN 0-387-11810-1 (New York, Heidelberg, Berlin)

Herstellung: Brühlsche Universitätsdruckerei, Gießen
2142/3140-543210

Inhaltsverzeichnis

Von der gebundenen Ausgabe des Bandes „Probleme und Resultate der Wissenschaftstheorie und Analytischen Philosophie, Band I, Erklärung – Begründung – Kausalität" sind folgende weiteren Teilbände erschienen:

Studienausgabe Teil A: Das dritte Dogma des Empirismus. Das ABC der modernen Logik und Semantik. Der Begriff der Erklärung und seine Spielarten

Studienausgabe Teil B: Erklärung, Voraussage, Retrodiktion. Diskrete Zustandssysteme und diskretes Analogon zur Quantenmechanik. Das ontologische Problem. Naturgesetze und irreale Konditionalsätze. Naturalistische Auflösung des Goodman-Paradoxons

Studienausgabe Teil C: Historische, psychologische und rationale Erklärung. Verstehendes Erklären

Studienausgabe Teil D: Kausalitätsprobleme, Determinismus und Indeterminismus. Ursachen und Inus-Bedingungen. Probabilistische Theorie der Kausalität

Studienausgabe Teil F: Statistische Erklärungen. Deduktiv-nomologische Erklärungen in präzisen Modellsprachen. Offene Probleme

Studienausgabe Teil G: Die pragmatisch-epistemische Wende. Familien von Erklärungsbegriffen. Erklärung von Theorien: Intuitiver Vorblick auf das strukturalistische Theorienkonzept

Kapitel VIII
Teleologie, Funktionalanalyse und Selbstregulation

1. Einleitung und Überblick

„Teleologie" und „Finalität" sollen im folgenden als Synonyma verwendet werden; ebenso die beiden Wendungen „teleologische Betrachtungsweise" und „finalistische Betrachtungsweise". Es handelt sich dabei um eine Deutung der Realität und des Weltgeschehens unter dem Zweckgesichtspunkt. Mit dem Thema „Teleologie" betreten wir einen ebenso altehrwürdigen wie fast undurchdringlichen philosophischen Urwald. Sehr verschiedene Dinge sind in den vergangenen mehr als zwei Jahrtausenden unter dieser teleologischen Betrachtungsweise verstanden worden. Es wird daher zunächst vor allem darauf ankommen, eine gewisse begriffliche Ordnung in die Materie hineinzubringen und die zum Teil völlig heterogenen Probleme voneinander zu sondern. Die starke Belastung mit der philosophischen Tradition wird sich dabei als erschwerend auswirken.

So alt die Geschichte der Diskussion des Teleologieproblems sein mag – sie beginnt spätestens bei ARISTOTELES und reicht über den Neovitalismus bis in die philosophische Diskussion der Kybernetik hinein –, so problematisch mögen einem modernen Naturwissenschaftler alle diese Erörterungen erscheinen. Der tabula-rasa-Standpunkt ist denkbar: „Die exakten Naturwissenschaften haben dieses Feld längst verlassen. Ebenso sollte jeder, der sich mit vernünftigen Dingen beschäftigen will, darauf verzichten, dieses Thema in Angriff zu nehmen. Befaßt er sich dennoch damit, so ist er dem Vorwurf des Anachronismus ausgesetzt."

Es wird sich daher für uns zum Teil darum handeln, zu klären, ob überhaupt echte Probleme bestehen bleiben oder ob diese sich bei genauer Analyse in nichts auflösen. Wie sich erweisen wird, gibt es solche Probleme, mögen diese auch häufig eine ganz andersartige Form haben, als man zunächst vermuten würde. Unter dem Titel „echte materiale Teleologie" z. B. werden Fragen auftreten, die jenen ähnlich sind, welche im Ontologie-Kapitel IV behandelt wurden, sich in gewisser Hinsicht aber als schwieriger erweisen als das, was dort erörtert wurde. Generell ist zu sagen, daß wir immer wieder vor einer zweifachen Aufgabe stehen werden: einerseits

Sinnanalysen und *Rekonstruktionen* bestimmter Auffassungen zu geben; andererseits eine *Kritik des Geltungsanspruches* bestimmter Thesen zu liefern. Das letztere setzt das erstere voraus. Man muß zunächst herausbekommen, was mit einer bestimmten Behauptung (oder einer ganzen Theorie) gemeint sein soll, bevor man sie auf ihren Wahrheitsgehalt hin überprüft.

Wenn im ersten Absatz davon gesprochen worden ist, daß die Probleme zum Teil völlig heterogener Natur sind, so ist doch gleich die Einschränkung hinzuzufügen, daß dies nur gilt, wenn man gewisse Problempaare isoliert betrachtet. Es lassen sich stets Paare von Fragen finden, die sich „irgendwie mit Teleologie beschäftigen" und von denen wir sagen müssen, daß sie so gut wie gar nichts miteinander zu tun haben. Wenn man hingegen sämtliche Fragen in Betracht zieht, die zu diesem umfangreichen Komplex gehören, so ergeben sich mannigfache Berührungen, Ähnlichkeiten und Überlagerungen. Zwischen den verschiedenen Problemen der Teleologie besteht eine „Familienähnlichkeit", wie man unter Verwendung eines Wittgensteinschen Ausdruckes sagen könnte.

Als grundlegende Unterscheidung soll zunächst die in *formale Teleologie* (Fall (I)) und *materiale Teleologie* (Fall (II)) vorgeschlagen werden. Wählen wir als Ausgangspunkt unserer Diskussion den zunächst noch recht vagen und explikationsbedürftigen Ausdruck „*teleologische Erklärung*". Seit Aristoteles den Begriff der Endursache eingeführt hatte, bildeten solche Erklärungen den Anlaß für viele philosophische Grübeleien; denn was in einer solchen Erklärung geschieht, ist nichts Geringeres, als daß ein gegenwärtiges Geschehen durch Bezugnahme auf künftige Zustände und Vorgänge erklärt wird oder allgemeiner: daß die zur Erklärung eines zum Zeitpunkt t_0 stattfindenden Ereignisses angeführten Daten sich alle auf einen späteren Zeitpunkt t_1 oder auf mehrere solche künftigen Zeitpunkte $t_1, t_2, \ldots$ beziehen. Bei dem, was wir *formale Teleologie* nennen, handelt es sich darum, *daß nur dieser Zeitfaktor berücksichtigt wird.* Dies sei hier zunächst provisorisch erläutert: Ebenso wie es bei der Erörterung der Kausalitätsfragen einen wichtigen ersten Schritt bildet, sich vom metaphysischen Begriff der kausalen Notwendigkeit zu befreien, handelt es sich jetzt darum, den mindestens gleich problematischen Gedanken einer *finalen Notwendigkeit* fallen zu lassen, wonach das zeitlich spätere Determinans das zeitlich vorangehende Determinatum zu einem bestimmten Verhalten *zwinge* oder *nötige.* Damit ist bereits die Reduktion auf ein zeitliches Verhältnis vollzogen. Um zu untersuchen, ob „teleologische" Erklärungen – und das bedeutet jetzt: Erklärungen, die dieser Zeitstruktur genügen – möglich seien, transformieren wir in einem zweiten Schritt diese Frage in die Sprechweise des H-O-Schemas der deduktiv-nomologischen Erklärung[1]. Das Determinatum wird dann zum *Explanandum E*, während das Determinans sich in die Totalität der

[1] Die Ausschaltung des statistischen Erklärungsfalles geschieht nur aus Einfachheitsgründen.

Antecedensbedingungen A verwandelt. Von der „finalen" Betrachtungsweise ist nichts weiter übrig geblieben als die formale Tatsache, daß der Zeitindex der zu A gehörenden Ereignisse ein größerer ist als der zu E gehörende Zeitindex. Dies ist auch der Grund, warum wir von formaler Teleologie sprechen. Von Zielen oder Zwecken – scheinbaren oder wirklichen – ist überhaupt nicht mehr die Rede, nicht einmal als façon de parler. Auf die Frage, ob es *in diesem Sinn* eine „Determination der Gegenwart durch die Zukunft" geben könne, wird die Antwort bejahend ausfallen. Die Begründung dieser Antwort wird zugleich die *Harmlosigkeit* der teleologischen Betrachtungsweise aufzeigen, wenn diese unter dem rein formalen Gesichtspunkt interpretiert wird.

Um auf die Fälle von *inhaltlicher* oder *materialer Teleologie* zu kommen, knüpfen wir an die in I gegebene schematische Gegenüberstellung von Erklärungen und Beschreibungen an. Während die letzteren bloße Antworten auf Was-ist-Fragen („was ist der Fall?", „was war der Fall?") geben sollen, beanspruchen die ersteren, eine tiefer liegende Warum-Frage zu beantworten („warum ist das so?", „warum war das so?"). Wir haben dabei zwischen zwei Arten von Warum-Fragen unterschieden, um den Unterschied zwischen *Vernunftgründen* (*Erkenntnisgründen*) und *Seins-* bzw. *Realgründen* (oder besser: *Ursachen*) intuitiv zu verdeutlichen. Dagegen könnte eingewendet werden, daß diese Differenzierung noch nicht hinreichend sei. Wir hätten nämlich, so könnte argumentiert werden, stets *nur einen ganz bestimmten Typus von Antworten* auf diese beiden Arten von Warum-Fragen behandelt, nämlich solche Antworten, die sich in der Alltagssprache als *Weil-Sätze* formulieren lassen. Dabei spiele es keine Rolle, daß diese Art von Antwort sich bei genauerer Analyse meist als unvollständig oder als rudimentär erweise. Der ganz andere Erklärungstypus, der bisher gänzlich vernachlässigt worden sei und daher noch berücksichtigt werden müsse, sei jener, der in solchen alltagssprachlichen Reaktionen auf Warum-Fragen seinen Niederschlag finde, die mit „damit" oder „um . . . zu – – –" beginnen. Mit diesen Wendungen beziehen wir uns auf einen *Zweck*, ein *Ziel*, eine *zu erfüllende Aufgabe* oder *Funktion*. Auf die Frage, warum in Wirbeltieren das Herz schlägt, kann man antworten: *damit* das Blut ständig im Körper zirkuliert. Auf die Frage, warum ich heuer nicht in den Urlaub fahre, kann ich die Antwort geben, daß ich hier bleibe, *um* eine wichtige Arbeit *zu* beenden. Auch für das Verhalten niedriger Organismen wird häufig eine teleologisch anmutende Erklärung gegeben. Auf die Frage, warum die männliche Hirschkäferlarve an zwei bestimmten Stellen ihres Gehäuses Löcher bohre, wird etwa geantwortet, sie tue dies, *damit* der Hirschkäfer, in den sie sich später verwandle, Platz für sein Geweih habe.

Hinter diesen scheinbar gleichartigen Fällen verbirgt sich ein fundamentaler Unterschied. Man kann ihn mit BRAITHWAITE schlagwortartig charakterisieren als den Unterschied zwischen *zielgerichtetem* und *zielintendiertem* Verhalten[2]. Mit dem letzteren haben wir es zu tun, wenn wir eine Erklärung für bewußtes menschliches Handeln zu geben versuchen. Wir erklären das Verhalten eines Menschen, indem wir auf seine Wünsche und Motive, seine bewußten Zwecksetzungen und Willensentschlüsse Bezug nehmen. Teleologische Erklärungen von dieser Art sind, kurz gesprochen, Erklärungen aus Motiven. In VI haben wir Erklärungen von dieser Art bereits unter einem bestimmten Gesichtspunkt ausführlich erörtert. Vom Teleologieproblem hatten wir dort aber abstrahiert.

Wo zielintendiertes Verhalten vorliegt, sprechen wir von echter materialer Teleologie (Fall (II)(1)). Das Prädikat „material" (im Sinn von „inhaltlich") verwenden wir deshalb, weil hier, im Gegensatz zur formalen Teleologie, tatsächlich von Zwecken oder Zielen die Rede ist. Ferner sprechen wir von echter Teleologie, weil die Bezugnahme auf Zwecke oder Ziele keine bloße façon der parler darstellt und auch nicht in der Gestalt einer Als-ob-Betrachtung konstruiert wird. Wir stehen hier im Einklang mit dem normalen vorwissenschaftlichen Sprachgebrauch: danach kann von Zielen oder Zwecken nur die Rede sein, wenn ein zwecksetzender Wille vorhanden ist. Der Satz „kein Zweck ohne Zwecksetzung" trifft auf teleologische Erklärungen von der Art der Erklärungen zielintendierten Verhaltens zu.

Wir werden sehen, daß diese Art von Teleologie bestimmte philosophische Probleme nach sich zieht. Mindestens ebenso wichtig aber ist es, zu sehen, was hier *nicht* stattfindet: Es liegt *keine* Alternative zur kausalen Erklärung vor. Mit dem Begriff der echten materialen Teleologie darf nicht der Gedanke verknüpft werden, es werde hier Gegenwärtiges durch Zukünftiges erklärt. Wie die Fälle von unterbleibender Zielverwirklichung oder Zielvereitelung deutlich machen, wäre es unsinnig, das gegenwärtige Verhalten eines Menschen durch das künftige Ziel zu erklären, das er zu realisieren versucht. Was sein Verhalten erklärt, sind gewisse diesem Verhalten *vorangehende* Überzeugungen und Wünsche. Deshalb konnten wir ja auch sagen, daß es sich um „Erklärungen aus Motiven" handle. Die von Philosophen bisweilen vertretene Auffassung, daß der Begriff der Teleologie eine irreduzible Kategorie darstelle, die der Kausalität gegenübergestellt werden müsse, trifft gerade auf die Fälle echter Teleologie *nicht* zu. Vielmehr werden wir den Zusammenhang von Teleologie und Kausalität so scharf formulieren können, daß wir sagen: jeder Fall von echter Teleologie ist zugleich ein Fall von echter Kausalität. Diese Formulierung müßte nur durch die Hinzufügung der Wendung „oder von statistischer Regularität" abgeschwächt werden, weil die zugrundeliegenden Gesetzmäßigkeiten auch probabilistischer Natur sein können. Die teleologischen

---

[2] Vgl. [Explanation], S. 326.

Erklärungen (Systematisierungen) wären dann zu unterteilen in die kausal-teleologischen und statistisch-teleologischen. Auf Grund der in II angestellten Überlegungen hätte man evtl. noch die nichtstatistischen induktiven einzubeziehen. Sobald dies erkannt wird, ist damit auch die philosophische *Harmlosigkeit* teleologischer Erklärungen eingesehen, analog wie im Rahmen der formalen Teleologie die Harmlosigkeit der Redewendung „Determination der Gegenwart durch die Zukunft" eingesehen wird[3]. In der Alltagssprache drückt sich die Harmlosigkeit der echten Teleologie darin aus, daß wir in all diesen Fällen die auf die Warum-Frage gegebene Damit- oder Um-zu-Antwort in eine *kausale Weil-Antwort* transformieren können. Statt z. B. zu sagen „er spart, *um* sich ein Haus *zu* bauen", können wir ebensogut sagen „er spart, *weil* er sich ein Haus bauen will". Analoges gilt in allen übrigen Fällen dieser Art.

Einige werden es vielleicht vorziehen, auf Grund dieser Sachlage den Begriff der echten Teleologie ganz fallenzulassen. Gegen einen derartigen Beschluß wäre nichts einzuwenden. Es besteht aber kein zwingender Anlaß dazu. Man muß sich nur davor hüten, in den Mythos zu verfallen, wonach man von Zielen oder Zwecken reden könne, ohne daß „jemand da sei", der sich diese Zwecke gesetzt habe oder der diese Ziele verfolge.

Was den Philosophen aber seit jeher am meisten Kopfzerbrechen verursachte, war etwas anderes. Wir nennen es die *scheinbare* materiale Teleologie (Fall (II)(2)). In der Ausdrucksweise von BRAITHWAITE liegt hier ein zielgerichtetes Verhalten vor, das nicht zielintendiert ist, oder, wie man auch sagen könnte, ein zielgerichtetes Verhalten von nicht zwecksetzender Art. Die Verwendung finalistischer Ausdrucksweisen muß in solchen Fällen stets mit dem einschränkenden Zusatz versehen werden, daß es sich dabei nur um Als-Ob-Betrachtungen handle, also diesmal wirklich um eine façon de parler. Nicht immer ist dies beherzigt worden. Und selbst wo es geschah, blieb oft eine Unklarheit darüber bestehen, wie die korrekte Deutung eigentlich aussehen solle. Zwei radikale Alternativvorschläge bieten sich dem Philosophen an:

Nach dem einen Vorschlag ist die Analogie zwischen allen Arten von zielgerichtetem Geschehen und den Fällen des zielintendierten Verhaltens so groß, daß man nicht umhin könne, alles Geschehen der ersten Art als zielintendiertes Verhalten zu deuten. Es wird also eine Assimilation von (II)(2) an (II)(1) vorgenommen. Es ist wichtig, sich darüber im klaren zu sein, daß diese These die Behauptung impliziert: Wo immer ein zielgerich-

---

[3] Wie noch zu zeigen sein wird, sind echte teleologische Erklärungen in einem ganz anderen Sinn *nicht* philosophisch harmlos, da darin über Glaubensinhalte und Willensziele quantifiziert werden muß, was zu der quasi-ontologischen Frage nach dem Status jener Entitäten führt, die wir Überzeugungen, Willensziele u. dgl. nennen.

tetes Verhalten anzutreffen ist, da muß die Existenz eines bewußtseinsbegabten Wesens angenommen werden, auf dessen Zwecktätigkeit das fragliche Verhalten zurückzuführen ist. Dies gilt insbesondere auch vom Neovitalismus. Sofern die Rede von Entelechien überhaupt einen einigermaßen klaren Sinn haben soll, müssen darunter denkende und wollende Wesen verstanden werden, die das biologische Geschehen nach ihren vorsätzlichen Plänen lenken. Diese Auffassung ist nicht, wie bisweilen behauptet wurde, logisch unsinnig; aber sie ist sicherlich empirisch unhaltbar. Wer heute so etwas behauptet, kann nicht erwarten, vom Naturwissenschaftler ernst genommen zu werden, so wie schon seit langem niemand mehr ernst genommen würde, der behauptete, daß die Planeten von Geistern bewegt würden.

Soweit sich zugunsten dieses Standpunktes, nämlich der Subsumtion alles zielgerichteten Geschehens unter das zielintendierte Verhalten überhaupt ein Argument vorbringen läßt, ist es bestenfalls ein mehr oder weniger vages *induktives Analogieargument*. Wie BRAITHWAITE hervorhebt, gehen die Verfechter dieser These meist schrittweise vor: Sie versuchen, eine *möglichst kontinuierliche Reihe* zu konstruieren, an deren einem Ende das zielbewußte menschliche Handeln liegt, während wir am anderen Ende auf primitive organische Vorgänge stoßen. Durch eine Kette von Analogien gelangt man dann dazu, auch die untersten Stufen organischer Prozesse als Äußerungen von Zielintentionen zu deuten. In einem ersten Schritt wird z. B. auf die Analogie zwischen dem vorsätzlichen zweckhaften menschlichen Verhalten und ähnlichem Verhalten bei höheren Tieren hingewiesen. Wenn ein Mensch an meine Zimmertür klopft, so ist diese Tätigkeit erklärbar durch seine bewußte Absicht, einzutreten. Wenn mein Hund an dieser Tür kratzt oder meine Katze davor miaut, so ist dieses Verhalten in analoger Weise ebenfalls durch den Wunsch des Tieres erklärbar, hereingelassen zu werden. Es wird zwar zugegeben, daß der Grad an Bewußtsein oder der Grad an Klarheit des Wollens abnehme, wenn man in der Skala des organischen Lebens immer tiefer herabsteige. Aber die Analogie zum jeweiligen unmittelbar „höheren" Fall rechtfertige es auch hier noch immer, von einem zweckhaften Verhalten zu reden. Auf der untersten Stufe stoße man nur mehr auf eine Art von „dunklem Drang". Durch eine solche Kette von Analogien sind vermutlich verschiedene metaphysische Konzeptionen, z. B. die Schopenhauersche Metaphysik, zustandegekommen.

Die Analogie zur bewußten Intention wird schließlich sogar auf die Vorgänge in den Teilen eines Gesamtorganismus übertragen. Die „mehr oder weniger" bewußte Intention wird dann zwar gewöhnlich nicht auf die einzelnen Organe verlegt – dies würde denn doch als zu mythologisch empfunden werden –, sondern diese Intention wird dem Gesamtorganismus (oder der ihm zugrundeliegenden unsichtbaren Entelechie) zugeschrieben.

Nicht das Herz z. B. tritt als Eigenpersönlichkeit auf, welche das Blut im Organismus zirkulieren lassen will, sondern der von der Tendenz zur Selbsterhaltung beherrschte Organismus ruft diese Tätigkeit hervor.

Der Gegenvorschlag dazu beginnt mit einer doppelten Kritik dieser Auffassung: Erstens wird auf die nichtempirische, *metaphysische Natur* solcher Theorien hingewiesen, welche in die Annahme der Existenz von etwas einmünden, wofür sich keine empirischen Befunde anführen lassen, so plausibel auch die Analogiebetrachtung in den ersten Schritten erscheinen mag. Zweitens wird der *ad-hoc-Charakter* dieser Hypothese unterstrichen: man will etwas erklären, führt dazu eine Hypothese ein und vermag diese Hypothese durch keine weiteren Daten zu stützen als eben durch das Explanandum allein. Dies gleicht seiner formalen Struktur nach einer Argumentation von der folgenden Art: Jemand fordert einen anderen dazu auf, eine Erklärung dafür zu geben, warum es geblitzt habe. Der andere antwortet: „weil Zeus zornig ist!" Auf die Frage, woher er denn dies wisse, gibt er die weitere Antwort: „Du siehst doch, es hat geblitzt!"

Diese negative Kritik wird wesentlich gestützt durch den positiven Hinweis darauf, daß es für gewisse einfache Fälle tatsächlich geglückt ist, derartiges zielgerichtetes, *scheinbar* zielintendiertes Verhalten mittels physikalisch-chemischer Gesetze zu erklären, sowie durch den Hinweis auf die erfolgreichen Versuche, derartige Verhaltensweisen in der Kybernetik durch geeignete mechanische Modelle zu simulieren. Es sei daher, so könnte weiter argumentiert werden, zu vermuten, daß alle jene zielgerichteten Verhaltensweisen, hinter denen auf Grund des verfügbaren empirischen Materials kein zwecksetzendes Bewußtsein angenommen werden darf, in der Zukunft nach und nach ebenfalls mit Hilfe chemisch-physikalischer Gesetzmäßigkeiten erklärt würden. Dies ist zwar abermals nur ein *Analogieargument*. Es ist jedoch besser fundiert als das der Gegenpartei; denn es kann sich auf tatsächliche große Erfolge sich stürmisch entwickelnder Disziplinen wie die der Biophysik, der Biochemie, der Molekularbiologie, der Virenforschung etc. berufen.

Selbst wenn man diese Auffassung vom wissenschaftlichen Standpunkt aus bejaht, so hat sie doch den Nachteil, daß die Lösung der philosophisch interessanten Fragen auf eine unbestimmte Zukunft verschoben wird. Es wird uns versichert, daß das Teleologieproblem (oder genauer: der eben zur Diskussion stehende Aspekt des Teleologieproblems) ein *temporäres* Problem sei, das zu jenem vorläufig unbestimmten künftigen Zeitpunkt zum Verschwinden komme, wo es geglückt sei, die teleologischen Beschreibungen und Erklärungen des nicht zielintendierten Verhaltens durch rein kausale oder statistische zu ersetzen, in denen vom Begriff des Zweckes kein

Gebrauch gemacht wird[4]. Es ist niemandem zu verwehren, wenn er sich weigert, einen derartigen Optimismus zu teilen.

So scheint der Philosoph vor einer unerfreulichen Alternative zu stehen: *Entweder eine mehr oder weniger mythologische, empirisch unbestätigte Theorie zu akzeptieren oder das Problem als solches ad acta zu legen und sich auf eine unbestimmte Zukunft vertrösten zu lassen, die er selbst sicherlich nicht mehr erleben wird.*

Diese Alternative ist allerdings überspitzt formuliert: Wer den Mythos und die Spekulation auf Grund seines Vertrauens in die wissenschaftliche *Erklärbarkeit* ablehnt, braucht deshalb noch nicht in der Lage zu sein, selbst die gewünschte *effektive* Erklärung zu liefern. Auch in anderen naturwissenschaftlichen Bereichen haben sich ja häufig Erklärbarkeitsbehauptungen oder -vermutungen nachträglich durch Konstruktion effektiver Erklärungen als richtig erwiesen, obwohl zum Zeitpunkt ihrer Formulierung solche effektiven Erklärungen noch nicht zur Verfügung standen. Trotzdem wäre es wünschenswert, zumindest einen allgemeinen begrifflichen Rahmen zu schaffen, in welchem man eine prinzipielle Klarheit über das Funktionieren von Systemen mit zielgerichteter Organisation gewinnen kann, ohne dabei auf teleologische Begriffe wie „Ziel", „Zweck", „Motiv" zurückgreifen zu müssen.

Ein derartiger Wunsch muß um so stärker empfunden werden, als es ein weites Feld nichtintentionalen zielgerichteten Verhaltens gibt, in welchem auch heute Erfahrungswissenschaftler mit einem teleologischen Begriffsapparat zu operieren scheinen: die sogenannte *Funktionalanalyse*. Diese betrifft in einem gewissen Sinn scheinbar teleologische Aussagen von einer „niedrigeren" Schicht. Wie sich erweisen wird, bleibt die Funktionalanalyse an scheinbar teleologische Aussagen von einer „höheren" Schicht gebunden, in denen Selbstregulationshypothesen ausgedrückt werden. Die Analyse der Selbstregulation, oder allgemeiner: der teleologischen Automatismen, bleibt dann noch ein weiteres Desiderat. Mehr als allgemeine Schemata zu entwerfen, kann man vom Philosophen hier nicht verlangen. Die detaillierte Schilderung der Funktionsweise spezieller Selbstregulationsautomatismen sowie die genaue Formulierung der Gesetze, nach denen die Prozesse in solchen Automatismen ablaufen, bleibt Sache der empirischen Forschung.

Insgesamt erhalten wir die folgende schematische Übersicht über das sogenannte Teleologie-Problem bzw. das Problem der teleologischen Erklärung:

---

[4] Die *echte* materiale Teleologie bildet demgegenüber prinzipiell bereits heute kein Problem mehr, da es sich hierbei, wie wir gesehen haben, stets um Fälle von kausalen oder statistischen Gesetzmäßigkeiten handelt. Die künftige Forschung kann hier nur dazu führen, diese Gesetzmäßigkeiten *auf grundlegendere zurückzuführen*, z. B. auf Mikrogesetze, welche sich auf die nicht mehr beobachtbaren Mikrozustände von Zentralnervensystemen beziehen.

(I) *Formale Teleologie:*
Reduktion des Problems auf eine zeitliche Relation zwischen Antecedens und Explanandum.

(II) *Materiale Teleologie:*
(1) *Echte materiale Teleologie:* Zielintendiertes Verhalten.
(2) *Scheinbare materiale Teleologie:* Zielgerichtetes Verhalten, welches nicht zielintendiert ist:
(a) Die Logik der *Funktionalanalyse.*
(b) Die Struktur *teleologischer Automatismen.*

2. Formale Teleologie

Wie bereits im einleitenden Abschnitt hervorgehoben wurde, kann der vieldebattierte Gegensatz „Mechanismus versus Teleologie" in folgendem Sinn unter einem *rein formalen Gesichtspunkt* betrachtet werden: Statt zu fragen, ob das Weltgeschehen ganz oder teilweise aus zweckgeleiteten oder zielgerichteten Prozessen bestehe, wird von den Begriffen des Zieles und Zweckes vollkommen abstrahiert und nur auf das zeitliche Verhältnis zwischen Determinans und Determinatum, oder in unserer Sprechweise: zwischen der Klasse der Antecedensbedingungen auf der einen Seite und dem Explanandum auf der anderen Seite reflektiert. Käme es uns auf eine Schilderung der historischen Diskussionen zwischen diesen beiden Richtungen an, so würde diese rein formale Betrachtungsweise keiner Seite vollkommene Gerechtigkeit widerfahren lassen. Denn dort spielten fast immer inhaltliche Thesen über die Natur der kausalen oder teleologischen Determination eine entscheidende Rolle. So z. B. operierten die Mechanisten mit einem metaphysischen Begriff der mechanisch-kausalen Notwendigkeit, welcher eine andere Art von Determination als der des Gegenwärtigen durch Vergangenes ausschließe. Die Finalisten wiederum beriefen sich zur Rechtfertigung ihrer gegenteiligen These von der Bestimmtheit des Gegenwärtigen durch Künftiges auf solche Dinge wie einen Weltplan, den göttlichen Willen oder darauf, daß die Geschichte mit immanenter Notwendigkeit einem Ziel zustrebe. Religiöse Heilslehren fallen ebenso unter dieses finalistische Schema wie z. B. die marxistische Theorie. Seit LEIBNIZ sind auch andere inhaltliche Gesichtspunkte, wie z. B. solche der Einfachheit und Ökonomie, etwa im Zusammenhang mit Minimal- und Erhaltungsprinzipien, in die Diskussion geworfen worden. Von all dem soll im gegenwärtigen Kontext abstrahiert werden. Folgt man den Vorschlägen von A. GRÜNBAUM[5] und N. RESCHER[6], so reduziert sich der Gegensatz auf den

[5] [Teleology].
[6] [State Systems], insbesondere S. 340ff.

Unterschied zwischen *a-tergo-Erklärungen* und *a-fronte-Erklärungen*. Die ersteren entsprechen der mechanistischen Betrachtungsweise: Sind alle Ereignisse ausschließlich durch das „determiniert", was ihnen vorangeht, so muß auch alles in der Weise erklärbar sein, daß man auf Früheres bezug nimmt. Die zweite Klasse von Erklärungen entspricht der teleologischen Betrachtungsweise der „Determiniertheit" und damit der Erklärbarkeit des Gegenwärtigen auf Grund des Künftigen.

Ein Vorteil dieser formalen Reduktion liegt in der Gewinnung der Erkenntnis, daß es nicht *einen* kausal-mechanistischen und auch nicht *einen* teleologischen Standpunkt gibt, sondern ein ganzes Spektrum möglicher mechanistischer und teleologischer Positionen. N. RESCHER hat versucht, die wesentlichsten dieser Positionen in einer logisch übersichtlichen Liste zusammenzustellen. Anhand dieser Liste kann die Frage der Verträglichkeit oder Unverträglichkeit zwischen den verschiedenen Positionen des Mechanismus und der Teleologie untersucht werden. Nach dem Rescherschen Vorschlag gewinnt man eine Tabelle, die sechs mögliche Versionen des Mechanismus (M_1) – (M_6) und analog sechs mögliche Versionen des Teleologiestandpunktes (T_1) – (T_6) enthält. Die Positionen sind ungefähr nach abnehmender Stärke geordnet. Da diese Standpunkte mit Hilfe des Begriffs der Erklärung formuliert werden, würden sich weitere Unterteilungen ergeben, je nachdem ob die Erklärung im deterministischen oder im stark bzw. im schwach probabilistischen Sinn verstanden wird. Da der Unterschied zwischen deterministischen und probabilistischen Gesetzen für den Gegensatz zwischen Mechanismus und Teleologie als solchen aber kaum von Bedeutung ist, soll „Erklärung" der Einfachheit halber im Sinn von D-Erklärung verstanden werden. Der Ausdruck „a tergo" ist dabei stets so zu verstehen, daß das Antecedensereignis dem Explanandumereignis vorangeht. Demgegenüber wird „a fronte" im umgekehrten Sinn verwendet. So z. B. bezeichnen wir chronologisch vorangehende Daten kurz als a-tergo-Daten und chronologisch folgende Daten als a-fronte-Daten. Es ergeben sich die folgenden sechs Abarten des Mechanismus:

(M_1) „jedes Ereignis kann *nur* a tergo erklärt werden."

Damit sind also a-fronte-Erklärungen für alle Ereignisse ausgeschlossen.

(M_2) „Jedes Ereignis kann a tergo erklärt werden."

Damit ist die Annahme verträglich, daß einige oder sogar alle Ereignisse a fronte erklärbar sind.

(M_3) „Jedes Ereignis kann nur erklärt werden, wenn einige a-tergo-Daten verfügbar sind."

Dies schließt die Möglichkeit aus, daß ein Ereignis nur a fronte erklärt werden könnte. Es läßt jedoch die Möglichkeit offen, daß in einigen oder sogar in allen Fällen a-fronte-Daten benötigt werden.

Die Positionen $(M_4) - (M_6)$ entsprechen diesen dreien mit Ausnahme davon, daß jeweils der zu Beginn stehende Ausdruck „jedes Ereignis" abgeschwächt wird zu „einige Ereignisse". (M_4) z. B. lautet: „Einige Ereignisse können nur a tergo erklärt werden."

Oben war nur von einer ungefähren Ordnung nach abnehmender Stärke die Rede; denn das Stärkeverhältnis zwischen (M_2) und (M_3) und analog das zwischen (M_5) und (M_6) ist nicht eindeutig. (M_2) z. B. ist insofern stärker denn (M_3), als in (M_2) für jedes Ereignis die Existenz reiner a-tergo-Erklärungen behauptet wird, während (M_3) mit der Unmöglichkeit reiner a-tergo-Erklärungen verträglich ist (falls nämlich stets gewisse a-fronte-Daten benötigt werden). Auf der anderen Seite ist (M_2) mit der Möglichkeit reiner a-fronte-Erklärungen verträglich, während (M_3) solche ausschließt.

Die zu den obigen sechs Versionen des Mechanismus parallelen Fassungen des Teleologiestandpunktes lauten dann so:

(T_1) „Jedes Ereignis kann *nur* a fronte erklärt werden."

Damit werden a-tergo-Erklärungen für sämtliche Ereignisse ausgeschlossen.

(T_2) „Jedes Ereignis kann a fronte erklärt werden."

Mit dieser These ist die Annahme vereinbar, daß einige oder alle Ereignisse a tergo erklärbar sind.

(T_3) „Jedes Ereignis kann nur erklärt werden, wenn einige a-fronte-Daten verfügbar sind."

Dies schließt die Möglichkeit einer reinen a-tergo-Erklärung eines Ereignisses aus. Doch wird die Frage offengelassen, ob nicht für einige oder sogar für alle Erklärungen auch a-tergo-Daten erforderlich sind.

$(T_4) - (T_6)$ sind analog zu $(T_1) - (T_3)$ zu formulieren mit der Abschwächung von „jedes Ereignis" zu „*einige Ereignisse*".

Nicht allen diesen denkmöglichen Standpunkten entsprechen tatsächlich in der Geschichte vertretene Positionen. (T_1) z. B. dürfte kaum jemals verfochten worden sein; es ist sozusagen nur ein „theoretischer Strohmann". Dagegen ist die These (M_2) von zahlreichen Philosophen sowie Naturwissenschaftlern behauptet worden. Auch für (M_1) dürften sich einige Vertreter, wie z. B. Descartes, finden. Die Position (T_2) könnte man Leibniz zuschreiben. Rescher meint, daß man mit gewissen Vorbehalten Aristoteles (T_3) zusprechen dürfe. Bei allen solchen historischen Zuordnungen ist nicht zu übersehen, daß die verschiedenen Teleologie- und Mechanismus-Standpunkte hier rein formal gekennzeichnet worden sind, wodurch natürlich viele für die Charakterisierung einer bestimmten philosophischen Position wichtige inhaltliche Unterschiede verlorengehen. Es braucht wohl kaum ausdrücklich erwähnt zu werden, daß der hier verwendete Begriff des

Mechanismus nicht die in früheren Zeiten bisweilen vertretene und ebenfalls als „Mechanismus" bezeichnete These einschließt, daß alle Naturgesetze auf die Gesetze der Mechanik zurückgeführt werden können.

Die beiden Listen ermöglichen es, *die Frage der Verträglichkeit zwischen den verschiedenen T- und M-Positionen* zu überprüfen. Das eindrucksvollste historische Beispiel für eine derartige Untersuchung liefert wieder LEIBNIZ. Was seine Auffassung, die bekanntlich zu zahlreichen Kontroversen geführt hat, so interessant macht, ist die Tatsache, daß er nicht nur den Standpunkt (T_2), sondern zugleich den Standpunkt (M_2) vertrat. In dieser Hinsicht dürfte die Stellung von LEIBNIZ in der Philosophiegeschichte einzigartig sein.

Ein systematischer Vergleich liefert das etwas überraschende Resultat, daß es verhältnismäßig wenige Unverträglichkeiten zwischen den verschiedenen T- und M-Positionen gibt. Die vollständige Liste dieser Unverträglichkeiten kann in die folgenden vier Klassen zusammengefaßt werden:

(1) (M_1) ist logisch unverträglich mit sämtlichen Positionen (T_i).
(2) (T_1) ist logisch unverträglich mit sämtlichen Positionen (M_i).
(3) (M_2) ist logisch unverträglich mit (T_3) sowie mit (T_4) und (T_6).
(4) (T_2) ist logisch unverträglich mit (M_3) sowie mit (M_4) und (M_6).[7]

Dies sind 18 Fälle. Unverträglichkeiten ergeben sich also für genau die Hälfte der 36 Kombinationsmöglichkeiten. Historisch gesehen reduzieren sich beide Klassen von Fällen um weitere sechs, da die unter (2) angeführten Unverträglichkeiten wegen des vermutlich niemals vertretenen (T_1) „leer" sind.

Das Paar (M_2); (T_2) findet sich nirgends in dieser Liste. *Die Leibnizsche These von der Vereinbarkeit von Mechanismus und Teleologie* ist somit bei Zugrundelegung des formalen Mechanismus- und Teleologie-Standpunktes gerechtfertigt.

Der Nachweis für das Bestehen von Verträglichkeiten wie von Unverträglichkeiten kann auch mit Hilfe von *Modellen* erbracht werden. Als anschauliche Modelle lassen sich wieder die DS-Systeme benützen. Für die Verträglichkeit von (T_2) mit (M_2) bietet sich als denkbar einfachste Illustration ein abgeschlossenes deterministisches DS-System, bestehend aus nur zwei Zuständen S_1 und S_2, an, dessen Matrix die einfache Gestalt hat:

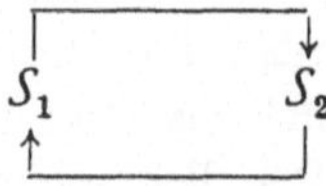

Ist für irgend einen Zeitpunkt t der Zustand dieses Systems bekannt, so kann daraus die gesamte *künftige* wie *vergangene* Geschichte des Systems erschlossen werden.

[7] Die von N. RESCHER, a. a. O., S. 342, gegebene Unverträglichkeitsliste ist nur teilweise exakt.

Als *DS*-System, welches gleichzeitig (M_3) wie (T_3) veranschaulicht und damit sowohl (M_2) wie (T_2) ausschließt (vgl. oben (3) und (4)), kann dasselbe verwendet werden, welches Rescher für den Nachweis benützte, daß in einem indeterministischen System *D*-Erklärung generell möglich sein kann, obzwar sogar die schwach probabilistische Prognose wie schwach probabilistische Retrodiktion generell unmöglich sind (vgl. dazu III, Beispiel (12), S. 227). Eine deduktiv-nomologische Erklärung eines bestimmten Systemzustandes zu einer Zeit *t* ist dort nur dann möglich, wenn sowohl der unmittelbar vorangehende Zustand (a-tergo-Datum) wie der unmittelbare Folgezustand (a-fronte-Datum) bekannt sind.

Analoge Beispiele können für die übrigen Fälle konstruiert werden. Der Leser möge dabei an eine Bemerkung von III erinnert werden: Derartige Modellbeispiele können prinzipiell nur zeigen, was *möglich* ist, nicht jedoch eine Antwort darauf geben, ob und wo in der Natur eine solche theoretische Möglichkeit auch de facto realisiert ist. Das letztere ist eine empirische Frage, die nicht durch philosophische Apriori-Argumente entschieden werden kann.

In der Einleitung zu diesem Kapitel war hervorgehoben worden, daß der Gedanke einer „Determination der Gegenwart durch die Zukunft" einen Mythos darstelle, wenn er im inhaltlichen Sinn einer effektiven Beeinflussung des Früheren durch Späteres („umgekehrte Kausalnotwendigkeit") verstanden werden soll. Darum mußte auch die echte „materiale Teleologie" als ein Spezialfall der Kausalität gedeutet werden. Reduziert man jedoch den Begriff der Teleologie auf den formalen Fall der Erklärbarkeit von Vorkommnissen mit Hilfe von a-fronte-Daten, so enthält der Gedanke der Determination des Früheren durch Späteres nicht nur nichts Absurdes mehr, sondern schließt effektiv verwirklichte Fälle ein.

3. Zielgerichtetes Handeln. Zum Problem der ontologischen und semantischen Interpretation echter materialer teleologischer Erklärungen

3.a Das teleologische Erklärungsschema. Teleologische Erklärungsversuche sind nach einer früheren Charakterisierung dadurch ausgezeichnet, daß als Antwort auf eine Warum-Frage nicht ein Weil-Satz, sondern ein Um-zu-Satz geliefert wird. Die bekannteste und gebräuchlichste Klasse von Fällen, in denen wir diese Art von Antwort geben, liegt vor, wenn wir uns auf *Intentionen menschlicher Wesen* beziehen. Man sagt, daß das menschliche Handeln zielgeleitet sei. Damit ist gemeint, daß die menschlichen Handlungen zumindest vorwiegend bestimmt werden durch Gedanken, Wünsche und Entschlüsse, die auf die Zukunft gerichtet sind. Wir fassen alle diese

Fälle unter dem Begriff der zielbewußten Intention zusammen. Wo ein zielbewußtes Handeln vorliegt, ist ein gegenwärtiges Geschehen nicht durch künftige Ereignisse bestimmt, sondern durch Motive handelnder Personen, die mit diesem Geschehen parallel verlaufen oder ihm vorangehen. Bleibt man im Einklang mit dem normalen Sprachgebrauch, so kann von *Zielen* nur dort die Rede sein, wo Zielsetzungen vorgenommen werden. Dann aber sind teleologische Erklärungen, in denen man sich auf Ziele als Erklärungsinstanzen beruft, nur verschleierte Formen von kausalen Erklärungen. Teleologie in diesem Sinn ist Motivkausalität. Der Begriff der zielbewußten Intention gestattet uns, die *causa finalis* als einen Spezialfall der *causa efficiens* zu deuten. Eine *echte* causa finalis gibt es nur im Bereich der formalen Teleologie, also bloß in dem sehr übertragenen Sinn, in dem nur von zeitlichen Determinationsverhältnissen die Rede ist, dagegen nicht mehr von Zielen oder Zwecken.

Auf menschliches zielgerichtetes Handeln wird in historischen Erklärungen Bezug genommen, ebenso in den Erklärungen, die wir in den systematischen Geisteswissenschaften antreffen. Zwar sind innerhalb geisteswissenschaftlicher Erklärungen meist auch andere Faktoren beteiligt. Doch bildet die Erwähnung handelnder Personen und ihrer Motive im Explanans stets eine wesentliche, wenn nicht die entscheidende Komponente einer solchen Erklärung. Schon aus diesem Grund erscheint es als erforderlich, sich mit dieser Art von Erklärung unter dem Teleologie-Gesichtspunkt zu beschäftigen. Hinzu kommt, daß gegen die eben behauptete Zurückführbarkeit auf bestimmte Formen von kausaler (bzw. statistischer) Erklärung sofort Einwendungen erhoben würden, mit denen man sich auseinanderzusetzen hat. Zwei solche Einwendungen sind die folgenden: Erstens wird behauptet, daß es dort, wo zielgerichtetes Handeln im Spiel ist, überflüssig sei, sich auf Gesetzmäßigkeiten oder Regelmäßigkeiten zu stützen. Es genüge, auf die Wünsche, Zielsetzungen und Motive Bezug zu nehmen. Das unterscheide diese „teleologischen" Erklärungen von naturwissenschaftlichen, in denen deterministische oder statistische Gesetze verwendet werden müssen[8]. Dieser Einwand läuft darauf hinaus, zu behaupten, daß das H-O-Erklärungsschema hier an eine prinzipielle Grenze stößt. Mit dieser These haben wir uns bereits in VI auseinandergesetzt. Zweitens wird gesagt, daß

[8] Wenn man nicht, wie in II als Möglichkeit erörtert, beschließt, induktive Argumente ohne Gesetzesprämissen als Erklärungen zuzulassen! Doch ist dies für die gegenwärtige Diskussion ohne Relevanz. Um die augenblicklichen Erörterungen nicht mit den dort in Erwägung gezogenen Alternativmöglichkeiten der Explikation des Erklärungsbegriffs zu belasten, setzen wir hier voraus, daß für diese Explikation jeweils die *schärfsten* Forderungen aufgestellt werden, zu denen auch die gehört, daß das Explanans mindestens eine Gesetzesaussage enthalten müsse. Die eben zitierte These würde dann so lauten, daß eine solche Explikation in dem Augenblick inadäquat wird, wo wir versuchen, zielgerichtetes Handeln einzubeziehen.

es prinzipielle Unterschiede gebe zwischen diesen Erklärungen und kausalen Erklärungen im üblichen Sinn. Ob dies zutrifft oder ob hier nur eine Begriffsverwirrung zwischen *formaler* und echter *materialer* Teleologie vorliegt, ist zu überprüfen.

Es ist also genauer zu untersuchen, wie in teleologischen Erklärungen die Bezugnahme auf Ziele und Zwecke zu verstehen ist und in welcher Beziehung solche Erklärungen zu kausalen Erklärungen stehen. Wie sich zeigen wird, stoßen wir hier tatsächlich auf eine Reihe von spezifischen Schwierigkeiten. Diese Probleme sind aber nicht von der Art der Fragen, wie sie von Philosophen gewöhnlich erörtert wurden, die sich mit dem Teleologie-Problem beschäftigten. Vielmehr handelt es sich um *semantische* und *ontologische* Probleme. Es wird sich herausstellen, daß eine gewisse Analogie zu den Schwierigkeiten besteht, die in IV diskutiert wurden. Wir werden daher im späteren Verlauf die Untersuchungen dieses Abschnittes soweit als möglich mit den dortigen parallelisieren. Allerdings ergeben sich diesmal zusätzliche Komplikationen, zu denen im dortigen Fall keine Analogie existiert[9].

Wir gehen methodisch so vor, daß wir mit der Analyse eines einfachen Beispiels beginnen. Gegenüber den subtileren Erörterungen in VI werden wir uns hier und im folgenden stärkere Schematisierungen gestatten. Diese Schematisierungen werden jedoch unsere kritischen Diskussionen nicht beeinträchtigen, da wir den Sachverhalt jetzt unter einem ganz anderen systematischen Gesichtspunkt betrachten als in VI.

Auf die Frage, wie es komme, daß der Jura-Student N. N. jeden Abend zwei Stunden außerhalb seines Domizils verbringe, wird die Erklärung gegeben:

(1) N. N. hat sich entschlossen, einen juristischen Paukkurs zu besuchen, um die Staatsprüfung zu bestehen.

Diese Erklärung des Verhaltens von N. N. ist ein typisches Beispiel einer Um-zu-Antwort. Scheinbar beziehen wir uns hierbei auf ein künftiges Geschehen: das Bestehen der Staatsprüfung zu einem späteren Zeitpunkt. Daß diese Annahme nicht richtig ist, kann man gemäß einer früheren Bemerkung so einsehen: Entweder N. N. besteht die Staatsprüfung später tatsächlich mit Erfolg. Dies ist ein späteres Ereignis als sein gegenwärtiger Entschluß. Es ist daher nicht verständlich, was es heißen könnte, daß dieser tatsächliche spätere Erfolg seinen heutigen Entschluß *erklären* solle. Oder aber er besteht die Staatsprüfung nicht. Dann findet das künftige Ereignis überhaupt nicht statt, und wir können uns erst recht nicht auf den Prüfungserfolg stützen, um sein gegenwärtiges Verhalten zu erklären. Dieser zweite Punkt ist der entscheidende: Bei jedem zielgerichteten Verhalten ist es

[9] Die meisten Anregungen für das Folgende verdanke ich dem Abschnitt "Beliefs and Desires" aus SCHEFFLERs [Anatomy], S. 88—110.

denkbar, daß der künftige Erfolg ausbleibt. Daran aber kann kein Zweifel bestehen: *daß es nicht sinnvoll ist zu sagen, ein Geschehen, von dem man weiß, daß es stattgefunden habe, sei erklärbar durch ein anderes, das überhaupt nie stattfinden wird.*

(1) muß somit so gedeutet werden, daß diese Aussage auch dann eine Erklärung liefert, wenn der von N. N. erhoffte künftige Erfolg ausbleibt. Die Ursache für N. N.'s Handlung ist nicht das künftige, möglicherweise fiktive Ereignis, sondern der seinem Entschluß vorangehende *Wunsch*, die Prüfung zu bestehen, sowie seine *Überzeugung*, daß der fragliche Erfolg nur durch eine derartige Kursteilnahme erzielbar ist.

Akzeptiert man diese Analyse auch nur im Prinzip, so werden teleologische Erklärungen zu speziellen Fällen kausaler Erklärungen[10]. Wenn wir gemäß der früheren Konvention nur bei Vorliegen von zielintendiertem Verhalten von echter Teleologie sprechen, so erhalten wir das bereits erwähnte scheinbar paradoxe Resultat, *daß alle Fälle von echter Teleologie zugleich Fälle von echter Kausalität sind.* Diese schlagwortartige These ist natürlich bei genauerer Fassung durch geeignete Vorsichtsklauseln abzuschwächen. Insbesondere wird es sich in den meisten, wenn nicht in allen Fällen solcher teleologischen Erklärungen erweisen, daß die dabei benützten Regelmäßigkeiten keine streng deterministischen, sondern statistische Gesetze sind. Die Rede von der Zurückführbarkeit teleologischer Erklärungen auf kausale ist daher nur cum grano salis zu nehmen. Wie immer diese ergänzenden Bestimmungen aber auch aussehen mögen, das eine scheint sicher zu sein: daß nämlich solche teleologischen Erklärungen metaphysisch harmlos sind. Wie kommt es dann, daß die Teleologie bei Naturforschern immer auf großes Mißtrauen stößt, heute mehr denn je zuvor?

Die Antwort hat C. J. Ducasse bereits im Jahre 1925 gegeben[11]. Ducasse wies darauf hin, daß die so interpretierte teleologische Erklärung zwar methodisch einwandfrei, aber in sehr vielen Fällen sicherlich falsch sei. Er dachte dabei nicht an solche Fälle wie den durch das Beispiel (1) illustrierten Fall, sondern an anders gelagerte Fälle in der Biologie, aber auch in den Sozialwissenschaften. Zur Erläuterung nennen wir das „Um ... zu — — —", mit dem der letzte Nebensatz von (1) beginnt, den *Um-zu-Operator*. Die obige kurze Analyse kann als kausale Interpretation des Um-zu-Operators bezeichnet werden. Sie beruht auf der folgenden These: dem Zweck oder dem Ziel, auf das wir uns mit diesem Operator beziehen, muß stets

---

[10] Zwei qualifizierende Zusatzbemerkungen sind hier stets hinzuzudenken: Erstens ist der Ausdruck „kausale Erklärung" im weitesten Wortsinn zu nehmen' so daß darin *jede* Art von Erklärung mittels strikter Gesetze eingeschlossen ist. Zweitens ist diese Wendung als Kurzformel für die schwächere Fassung „kausale oder statistische Erklärung" zu verstehen.

[11] [Explanation].

ein realer zwecksetzender Wille zugrundeliegen. Solange wir es mit menschlichen Handlungen zu tun haben, ist dies eine vernünftige Annahme. Anders im organischen Fall, wie z. B. in „das Herz schlägt, *um* das Blut im Körper zirkulieren *zu* lassen", „die an Raubtieraugen erinnernden farbigen Muster haben sich auf diesen Schmetterlingsflügeln herausgebildet, *um* die Art vor feindlichen Vögeln *zu* schützen". Hier scheint die analoge Deutung eine *metaphysische* These zu implizieren: die Hypothese vom unsichtbaren Geist im Organismus, der das organische Geschehen im einzelnen Lebewesen wie im überindividuellen Zusammenspiel der Organismen lenkt, evtl. sogar die Entwicklung und Änderung der Lebensformen bestimmt. Was hier als bedenklich erscheint, ist nicht das teleologische Erklärungsschema als solches, das methodisch einwandfrei ist. Das Problematische liegt vielmehr *in der Voraussetzung für die Anwendung* des in der geschilderten Weise zu analysierenden Schemas, nämlich in der zugrundeliegenden metaphysischen Geisthypothese. Die Hypothese ist deshalb metaphysisch, weil sich für ihre Bestätigung keine empirischen Daten anführen lassen. Es gibt keinerlei Beobachtungen oder Experimente, auf Grund deren wir sagen müßten oder auch nur sagen könnten: „Diese Experimente und Beobachtungen verifizieren die Hypothese oder liefern zumindest eine gute Bestätigung dafür, daß das Zusammenspiel, der Verlauf und die Entwicklung des organischen Lebens von zwecksetzenden Entitäten geleitet wird".

An dieser Stelle jedoch wollen wir daran keine weiteren Überlegungen knüpfen. Was wir hier gegeben haben, ist nichts weiter als ein Vorblick auf das, was in den nächsten Abschnitten behandelt wird. Diese weiteren Fälle sollen vorläufig bloß zeigen, daß es für den Philosophen eine andere große Domäne des Teleologieproblems gibt, die er zu bewältigen hat: das funktionelle Zusammenspiel, die Selbstregulation, Selbstreproduktion und Entwicklung organischer und soziologischer Gebilde. Wir sprechen dort von *scheinbarer* Teleologie, weil wir von der Annahme ausgehen, daß der Philosoph dem Fachwissenschaftler nicht mit unkontrollierbaren Zweckannahmen ins Handwerk pfuschen darf, insbesondere dann nicht, wenn eine solche Annahme weder für die Lösung spezialwissenschaftlicher Probleme noch für eine saubere philosophische Analyse erforderlich oder von Nutzen ist.

In bezug auf den Satz (1) jedoch liegt bei der Deutung des Handelns als eines zielintendierten Verhaltens keine metaphysische Hypothese vor. Gegenwärtig beschränken wir uns auf derartige Fälle, also auf solche, in denen von einem Zweck nur im Zusammenhang mit einem zwecksetzenden Willen die Rede ist und die Annahme des Vorliegens eines solchen Willens als empirisch fundiert gelten kann. Es bildet also eine Voraussetzung der ganzen folgenden Analyse, daß es sinnvoll und auch plausibel ist, Glaubenshaltungen, Überzeugungen, Wünsche und Willensentschlüsse der Subjekte, von denen die Rede ist, anzunehmen. Wir brauchen uns dabei keine Gedanken darüber zu machen, wie der Zulässigkeitsbereich dieser Analyse abzugrenzen ist. Es genügt zu wissen, daß eine Aussage von der Art des Satzes (1) zu diesem Zulässigkeitsbereich gehört. Um einen einheitlichen und suggestiven Namen zu haben, nennen wir Erklärungen von der zu behandelnden Art *Zweckerklärungen*. Wir gehen dabei so vor, daß wir zunächst eine gröbere Analyse geben und uns im nachhinein überlegen, welche Qualifikationen man evtl. hinzufügen müßte, um die Analyse zu verfeinern und weniger schematisch zu gestalten. Im Anschluß daran soll dann untersucht werden, wie man mit bestimmten Schwierigkeiten fertig werden kann, die bei dieser Analyse auftreten.

Als Ansatzpunkt wählen wir die Deutung von DUCASSE. Danach können wir in einer Zweckerklärung die folgenden Komponenten unterscheiden:

(a) den *Glauben* der handelnden Person an ein Gesetz oder an eine Regelmäßigkeit von der Art: „Y kommt nur dann vor, wenn auch X vorkommt";

(b) den *Wunsch* des Handelnden, daß Y realisiert sein möge;

(c) eine *psychische Verursachung*, nämlich die Verwirklichung von X auf Grund des in (a) und (b) angeführten Wunsches und Glaubens.

Die Regelmäßigkeit, auf die wir uns bei der Erklärung berufen müssen, ist nach DUCASSE von der folgenden Art:

(d) Falls ein Handelnder glaubt, daß X eine notwendige Bedingung für Y ist und Y herbeiwünscht, so wird der Handelnde (notwendig oder mit großer Wahrscheinlichkeit) X realisieren.

Versuchen wir, diese Analyse in die Sprache unseres Erklärungsschemas zu übersetzen! (a) und (b) bilden zusammen die singulären Prämissen (Antecedensaussagen) des Explanans. In (c) wird das Explanandum angeführt und dabei gleichzeitig in der Ursache-Wirkungs-Sprache mit den Antecedensdaten verknüpft. Als Rechtfertigung dafür dient die Aussage (d), welche die Gesetzeskomponente des Explanans darstellt.

Betrachten wir (a) und (d), so tritt bereits ein bemerkenswerter Zug teleologischer Erklärungen hervor: *das doppelte Vorkommen von Gesetzesaussagen*. (d) ist die im erklärenden Argument (vom Erklärenden) *benützte* Gesetzmäßigkeit. Sie hat nichts zu tun mit der in (a) vom Erklärenden *erwähnten* Gesetzmäßigkeit, die zu den vom Erklärenden angenommenen *Glaubensinhalten der handelnden Person* gehören. Daß diese Gesetzmäßigkeit nicht benützt, sondern *nur* erwähnt wird, zeigt sich äußerlich schon allein darin, daß von ihr nicht in der Gesetzesprämisse, sondern in der *singulären* Prämisse des Explanans die Rede ist. Deshalb steht auch die Gültigkeit oder Ungültigkeit dieses Gesetzes nicht zur Diskussion, sondern nur die Gültigkeit oder Ungültigkeit der Annahme, daß der Handelnde daran glaubt. Das

Gesetz (d) hingegen muß der Erklärende im Fall der Anfechtung selbst verteidigen können.

Wenn wir das skizzierte Verfahren auf die Aussage (1) anwenden, so gewinnen wir die folgende detailliertere Analyse:

(2) N. N. wünscht, die juristische Staatsprüfung zu bestehen.

(3) N. N. glaubt, daß das erfolgreiche Bestehen der juristischen Staatsprüfung abhängt von der Teilnahme an einem Paukkurs.

(4) Wenn immer jemand irgendein *Y* wünscht und zugleich glaubt, daß *X* eine notwendige Bedingung für (die Verwirklichung von) *Y* ist, so realisiert er *X*.

(5) N. N. tritt in einen juristischen Paukkurs ein (d. h. N. N. verwirklicht den Eintritt von N. N. in einen juristischen Paukkurs).

(5) ist das Explanandum, die Sätze (2) – (4) bilden das Explanans. (4) ist die Gesetzeskomponente, (2) und (3) stellen zusammen die Antecedensbedingungen dar, aufgesplittert in eine Wunschkomponente (2) und eine Glaubenskomponente (3). Man könnte sagen, daß mit dem in (2) angeführten Wunsch (der Zielsetzung) eine *Teilursache* für die Entscheidung des N. N. angeführt wird; in (3) wird eine weitere *Teilursache* erwähnt, die in N. N.'s Annahmen darüber besteht, wovon die Verwirklichung seiner Zielsetzung abhänge. In (4) schließlich wird ein genereller Zusammenhang hergestellt zwischen Wunschziel und Glaube einerseits, tatsächlicher Handlung andererseits.

Es seien an dieser Stelle noch einige Bemerkungen darüber eingefügt, warum diese Wiedergabe des erklärenden Argumentes nur als eine rohe schematische Skizze aufgefaßt werden darf. Es handelt sich hierbei im Grunde nur um eine Erinnerung an Details, die in VI größtenteils bereits zur Sprache kamen.

(a) Zunächst wäre die Komplikation zu berücksichtigen, die darin besteht, daß Menschen in der Regel eine ganze Liste von Wünschen haben, die zum Teil miteinander in *Konflikt* stehen. Ein derartiger Konflikt, manchmal auch etwas pathetisch „Wertkonflikt" genannt, stellt natürlich keinen logischen Widerspruch dar, sondern bedeutet nur, daß es für den Handelnden faktisch unmöglich ist, alle jene Tätigkeiten zu verrichten, die zur Verwirklichung der von ihm gewünschten Ziele führen. In unserem Beispiel kann etwa N. N. den weiteren Wunsch haben, spätestens bis zum Zeitpunkt der Prüfung im Besitz eines Autos zu sein. Da er über kein Vermögen verfügt, müßte er eine bezahlte Beschäftigung annehmen, die seine Zeit so stark in Anspruch nehmen würde, daß er an jenem Kurs nicht teilnehmen könnte, was seine Aussicht auf das Bestehen der Prüfung erheblich herabminderte.

Um eine menschliche Handlung bei Vorliegen solcher Konflikte zu erklären, müßte man das Prinzip (4) *wesentlich* verfeinern. Insbesondere würde es sich als notwendig erweisen, die *Rangordnung zwischen den Werten bzw. Wünschen*, das sogenannte *System der Präferenzen* dieser Person, zu berücksichtigen. Satz (4) wäre also durch eine Zusatzklausel von etwa der folgenden Art zu ergänzen: „vorausgesetzt, daß die Verwirklichung von *Y* nicht in Konflikt steht mit der Realisierung eines anderen Zieles, das in der Skala der Wünsche von N. N. einen höheren Rang einnimmt". Auch dies aber würde nicht genügen, da gleichzeitig die für die Zielverwirklichung erforderlichen *Aufwendungen* zu berücksichtigen wären: ein höherwertiges Ziel kann fallengelassen werden, wenn die für seine Verwirklichung erforderlichen Aufwendungen unverhältnismäßig hoch wären. Eine nochmalige Komplikation tritt dadurch auf, daß eine handelnde Person in der Regel den Naturablauf nicht mit völliger Sicherheit voraussagen kann, sondern ihn entweder nur als mehr oder weniger wahrscheinlich zu beurteilen vermag oder sogar nicht einmal eine solche Wahrscheinlichkeitsbeurteilung vorzunehmen imstande ist. Es sei hier auf die Ausführungen in VI über die drei Klassen von Fällen verwiesen: Entscheidungen unter Sicherheit, unter Risiko, unter Unsicherheit. Offenbar hätte man für die Deutung des teleologischen Erklärungsschemas nicht die Prinzipien der rationalen (normativen) Entscheidungstheorie anzuwenden. Der Sachverhalt würde vielmehr in die *empirische* Entscheidungstheorie hineingehören: Es sollen ja nicht einer Person Ratschläge für vernünftiges Handeln gegeben werden, sondern es soll eine Erklärung für ihr *faktisches Verhalten* geliefert werden.

Wenn wir von der Notwendigkeit einer Berücksichtigung der Wertordnung sprechen, so bedeutet dies natürlich keineswegs, daß der *Erklärende* außer logischen Deduktionen auch noch Bewertungen vornehmen müßte. In unserem Beispiel hätte er zwar in seine Erklärung die Rangordnung der Werte des N.N. einzubeziehen, jedoch nicht selbst zu dieser Wertordnung Stellung zu nehmen. Wenn man überhaupt den Ausdruck „Werte" gebraucht, so müßte man zugleich darauf hinweisen, daß man im Explanans nur über den Glauben des Handelnden an solche Werte und die Rangordnung zwischen ihnen zu sprechen hat: *der Erklärende muß Werte zwar erwähnen, er braucht aber nicht an Werte zu appellieren.*

Damit sind wir auf zwei Besonderheiten teleologischer Erklärungen gestoßen: In den singulären Prämissen werden Gesetzmäßigkeiten erwähnt, die verschieden sind von jenen, die der Erklärende unter seinen Prämissen benützt. Und in der Gesetzesprämisse müssen Werte erwähnt werden, ohne daß an sie appelliert zu werden braucht. Was sowohl der Historiker wie der Vertreter einer systematischen Geisteswissenschaft im Unterschied zum Naturforscher zu berücksichtigen hat, sind *geglaubte* Regelmäßigkeiten und *geglaubte* Werte. Letzteres ist mit der Werturteilsfreiheit der geisteswissenschaftlichen Erklärungen durchaus verträglich.

(b) Selbst dann, wenn eine Person einen sehr intensiven Wunsch hegt und keine Konflikte mit anderen Wünschen vorkommen, kann die Zielverwirklichung unterbleiben, *weil sie die Fähigkeiten des Handelnden übersteigt.* In der Regel sind mehrere Teilakte für eine Zielrealisierung notwendig. Sie wird daher bereits dann unterlassen, wenn auch nur ein einziger dieser Akte mit den Fähigkeiten der handelnden Person unvereinbar ist. Es müßte also zur Gesetzesprämisse eine weitere Zusatzbestimmung hinzugefügt werden, etwa von der Art: „vorausgesetzt, daß kein zur Verwirklichung von X notwendiger Teilakt die Handlungsgrenzen des N. N. übersteigt".

(c) Auch wenn alle derartigen Spezifikationen hinzugenommen werden, könnte die Erklärung noch immer inadäquat sein. Sämtliche allgemeinen Prinzipien, die man aus (4) durch Hinzufügung einschränkender und spezifizierender Zusatzbestimmungen erhält, sind nur auf *eine* Klasse menschlicher Handlungen anwendbar: auf solche, in denen wenigstens *ein Minimum an Rationalität* zur Geltung kommt. Ein teleologisches Erklärungsschema beruht somit stets auf einer gewissen *Idealisierung* und zeichnet sich durch eine mehr oder weniger starke, von Fall zu Fall verschiedene Wirklichkeitsferne aus. Dieses Problem der Idealisierung spielt bekanntlich in den systematischen Geisteswissenschaften eine große Rolle. Um z. B. bei der Schilderung des Wirtschaftsmechanismus der Freien Verkehrswirtschaft zu eindeutigen Resultaten zu gelangen, muß der Nationalökonom davon ausgehen, daß Unternehmer, Arbeiter und Konsumenten eine *Rationalität des ökonomischen Verhaltens* an den Tag legen, daß z. B. das Erwerbsstreben die entscheidende Triebkraft für das unternehmerische Handeln bildet und daß sich alle am Wirtschaftsablauf Beteiligten marktgerecht verhalten. Um die Anwendung einer Theorie auf eine konkrete empirische Situation zu ermöglichen, muß man versuchen, die idealisierenden Annahmen sukzessive durch wirklichkeitsgetreuere zu ersetzen, also die gedanklichen Antecedens- und Gesetzeshypothesen an die tatsächlichen Antecedensbedingungen und geltenden Gesetzesmäßigkeiten zu approximieren. Geisteswissenschaftliche Erklärungen dürften sich hierin von naturwissenschaftlichen nur dem Grad nach, nicht aber im Prinzip unterscheiden; denn mit „wirklichkeitsfremden" Idealisierungen wird ja bekanntlich selbst in der Physik gearbeitet („ideales Gas", „reibungslose Flüssigkeit", „Massenpunkt", „ideales Pendel", „ungestörte Bewegung").

Die zuletzt angedeutete Schwierigkeit hat zum Teil ihre Wurzel darin, daß keinesfalls alle menschlichen Verhaltensweisen unter die Rubrik „zielintendiertes Handeln" fallen. In vielen Fällen wird vielmehr eine nichtteleologische, rein naturwissenschaftliche Behandlung am Platz sein. Dies gilt insbesondere für Instinkthandlungen und alle anderen Arten von „irrationalen" Tätigkeiten. So versagt z. B. das teleologische Erklärungsschema schon dann, wenn man erklären will, warum ein in einem Straßenbahnwagen stehender Fahrgast eine rasche Griffbewegung macht, wenn der Wagen plötzlich stehenbleibt. Der Fahrgast wird vermutlich gar keine Zeit haben, „etwas zu denken" und „etwas bewußt zu wollen". Daß die idealisierenden Annahmen des teleologischen Erklärungsschemas meist nicht in so wirklichkeitsnahe verwandelt werden können, daß daraus eine adäquate Erklärung entsteht, hat seinen Grund darin, daß in den menschlichen Tätigkeiten, von ganz wenigen Grenzfällen abgesehen, rationale Verhaltensweisen und irrationale Instinkthandlungen unlöslich miteinander verwoben sind und nur das Schwergewicht mehr auf der einen oder mehr auf der anderen Komponente liegt. Für eine volladäquate Erklärung verschwimmen dann die Grenzen zwischen dem teleologischen und nichtteleologischen Fall. Denn außer Gesetzmäßigkeiten von der Art der in (4) erwähnten werden auch z. B. physiologische Prinzipien, u. U. auch Gesetze des pathologischen Verhaltens, verwendet werden müssen. Für Details verweisen wir auch hier wieder auf VI.

(d) Nicht zu übersehen ist auch die Tragweite einer früheren Bemerkung: Die in einem teleologischen Erklärungsschema benützten Regelmäßigkeiten werden meist keine deterministischen, sondern statistische sein. Damit findet die ganze Problematik der statistischen Erklärung Eingang in den Fragenkomplex der echten Teleologie.

Bei allen hier und im folgenden angestellten Betrachtungen abstrahieren wir von der Frage nach der Struktur der Wissenschaftssprache, in welcher Sätze von der Art der Aussagen (2) — (5) formuliert werden können. Wir begnügen uns mit einem Hinweis auf das Problem: Es handelt sich bei diesen Sätzen um Aussagen über Fremdpsychisches. Wenn man für eine wissenschaftliche Sprache die Forderung der *intersubjektiven Verständlichkeit* aufstellt, so dürfen diese Aussagen, so wird argumentiert, nicht in einer „phänomenalistischen Erlebnissprache" ausgedrückt werden, da eine solche prinzipiell nur vom demjenigen verstanden werden kann, der diese Erlebnisse tatsächlich hat. Da eine Person Y keinen direkten Zugang zu den Erlebnissen einer Person X besitzt, so kann X dem Y die Designata der deskriptiven Ausdrücke seiner phänomenalistischen Sprache nicht mitteilen. Begriffe von psychischen Zuständen und Dispositionen müssen daher in eine intersubjektiv verständliche „*reistische*" Sprache eingeführt werden. Dies kann auf zweierlei Art geschehen: Entweder die fraglichen Begriffe werden auf der „*Makro-Ebene*" als dispositionelle Verhaltensbegriffe eingeführt, also auf behavioristische Weise charakterisiert. Oder die Begriffe werden auf der „*Mikro-Ebene*" durch die korrespondierenden neurophysiologischen Strukturen und Prozesse gekennzeichnet. Angesichts verschiedener Mängel des ersten Verfahrens wäre das zweite Verfahren das weitaus befriedigendere, würde jedoch einen heute noch nicht erreichten Entwicklungsstand der Physiologie und Gehirnforschung voraussetzen. Wir können hier selbstverständlich nicht die gesamte moderne Diskussion des sogenannten Leib-Seele-Problems einbeziehen und die von Empiristen vertretenen Standpunkte schildern. Der Hinweis möge genügen, daß die in diesem Abschnitt behandelten Fragen unabhängig sind von der Stellungnahme zu solchen Problemen wie dem der privaten Sprache, der privaten Erlebnisse, der empiristischen Intersubjektivitätsforderung, den verschiedenen Versionen des Physikalismus und Reismus usw.

3.b Konkrete Objekte als Ziele des Wollens? Wir müssen nun auf eine *ernsthafte Schwierigkeit* im teleologischen Erklärungsschema zu sprechen kommen. Da diese Schwierigkeit vollkommen unabhängig ist von der Frage, ob und wie man die in den Prämissen verwendete Gesetzesaussage durch geeignete Zusatzbestimmungen verbessern kann, knüpfen wir dazu wieder an die ursprüngliche Fassung (2) bis (5) an. Um deutlicher zu sehen, worauf es ankommt, symbolisieren wir die Aussage (4). Wir führen die folgenden Abkürzungen ein: „xWy" für „x wünscht y", „$xG-$" für „x glaubt, daß $-$", „xNy" für „x ist eine notwendige Bedingung für y" und „xRy" für „x realisiert (verwirklicht) y". Satz (4) verwandelt sich dadurch in:

(6) $$\wedge x \wedge y \wedge v\, [(xWy \wedge xG(vNy)) \rightarrow xRv]$$

Die beiden gebundenen Variablen „x" und „v" wollen wir hierbei als unproblematisch ansehen (zum Wertbereich der ersten gehören Personen, zu dem der zweiten Handlungen und evtl. noch weiteres). Wie steht es mit der Variablen „y"? Wir versuchen es zunächst mit der Annahme, daß auch diese Variable als Werte „reale" Objekte habe. Wir wollen dabei großzügig verfahren und trotz der Ergebnisse in IV auch Ereignisse als solche Konkreta deuten. Wir geraten dann unmittelbar in eine Schwierigkeit. (Diese Art von Schwierigkeit ist übrigens bereits von FRANZ BRENTANO bei seiner

Analyse der intentionalen Akte gesehen worden.) Die Person N. N. bezeichnen wir jetzt abkürzend mit n und das von ihr gewünschte Ereignis mit k. Satz (2) wird dann zu:

(2′) $$nWk,$$

woraus der Satz:

(7) $$\bigvee y\,(nWy)$$

ableitbar ist. Angenommen, N. N. bestehe die Prüfung nicht. Dann ist der Satz (2′) unrichtig und der behauptete Übergang zu (7) ungerechtfertigt ((7) kann natürlich trotzdem richtig sein). Die Unrichtigkeit von (2′) ergibt sich daraus, daß W als zweistellige Relation zwischen wirklichen Dingen eingeführt wurde und man offenbar nicht behaupten kann, diese Relation bestehe zwischen zwei Objekten n und k, wenn von diesen beiden Objekten nur das eine existiert. Mit der Falschheit von (2′) aber wird die ganze Erklärung hinfällig. Denn ohne diese singuläre Prämisse ließe sich die gewünschte Deduktion nicht mehr vornehmen: In (6) z. B. müssen „x" und „y" zu „n" und „k" spezialisiert werden, wodurch das erste Konjunktionsglied zu nWk wird. Zusammen mit einer geeigneten weiteren Prämisse sollte dann das ganze spezialisierte Antecedens wahr gemacht werden, um dadurch mittels modus ponens den Übergang zu (5) zu rechtfertigen.

Tatsächlich würden wir jedoch im Fall des Nichtbestehens der Prüfung weder die ursprüngliche Aussage (2) noch das von (2) zu (5) führende Argument für falsch erklären. Wir würden vielmehr darauf hinweisen, daß wir das gegenwärtige (oder vergangene) Verhalten des N. N. durch Berufung auf einen gleichzeitigen Wunsch dieser Person erklärten und daß diese Erklärung selbstverständlich auch dann gelte, wenn die künftige Wunscherfüllung des N. N. ausbliebe. Wir geraten also in eine Art von Paradoxie: einerseits sind wir überzeugt, daß das Argument richtig ist, unabhängig davon, was die Zukunft bringen wird; andererseits ist es unter Verwendung der zunächst vorgeschlagenen Symbolisierung so konstruiert, daß zwar noch der logische Zusammenhang, aber nicht mehr die Wahrheit der Prämissen und damit der Conclusio behauptet werden kann, wenn die Wunscherfüllung ausbleibt. In Analogie zum Vorgehen in IV wollen wir jetzt drei Lösungsvorschläge in Betracht ziehen.

3.c Erster Lösungsversuch: Einführung neuer Entitäten. Der erste Ausweg, der sich anbietet, hat eine gewisse Ähnlichkeit mit jenem früheren Versuch, der als Antwort auf die Frage: „was wird erklärt?" vorschlägt: „Tatsachen", und diese Tatsachen als neue Entitäten akzeptiert. Gegenwärtig müssen wir uns allerdings noch weiter von der Realität entfernen und in unsere Ontologie auch *mögliche* Objekte einbeziehen und solche möglichen Objekte zum Wertbereich von „y" in (6) rechnen. (Auch in IV waren wir allerdings genötigt, eine analoge Erweiterung vorzunehmen, um neben dem Erklärungsfall auch andere Systematisierungsfälle mit *falscher* Conclusio, z. B. unrichtige Voraussagen, einbeziehen zu können. Wir sprachen dort von „Sachverhalten". Wenn wir hier einen anderen Namen für die möglichen Objekte wählen, so hat dies seinen Grund darin, daß die jetzigen möglichen Gegenstände, wie sich herausstellen wird, *schärfere Identifizierungsbedingungen* erfüllen müssen als die Sachverhalte.) Nennen wir einen solchen Gegenstand einen *Zustand*. „Bx" sei eine Abkürzung für „x besteht die juristische Staatsprüfung". Wir bezeichnen dann den Zustand, welchen N. N. herbeiwünscht, mit „$z(Bn)$". Dabei ist „z" *ein namenbildender Funktor mit Satzargument*. Angewendet auf den Satz „Bn" bezeichnet der dadurch entstehende komplexe Ausdruck den Zustand, welcher der durch „Bn" ausgedrückten Proposition entspricht. Der Begriff „Zustand" wurde hier so eingeführt, daß auch Wunschobjekte darunter fallen. Ferner gestatten wir selbst eine Quantifizierung über diese seltsamen Objekte. Wir müssen dies tun, um die neu interpretierte singuläre Prämisse (2) (und analog (3)) mit der Gesetzesaussage (6) in jenen deduktiven Zusammenhang bringen zu können, der zur Conclusio (5) führt. Die Aussage (2) wird in dieser neuen Interpretation zu:

(2″) $$nWz(Bn),$$

woraus man z. B. die Existenzbehauptung ableiten kann:

(8) $\bigvee y\,(nWy \wedge \bigvee x(y = z(x)))$ (es gibt einen von N. N. herbeigewünschten Zustand).

Diese beiden Sätze sind verträglich mit:

(9) $\neg Bn$ (N. N. besteht nicht die juristische Staatsprüfung).

In einer Hinsicht gleichen Zustände mehr den Sachverhalten als den Tatsachen: Von Tatsachen sprechen wir nur dann, wenn etwas „wirklich der Fall ist", d. h. Tatsachen entsprechen wahren Sätzen. Sachverhalte dagegen bilden etwas, das möglicherweise der Fall sein könnte, d. h. sie korrespondieren wahren *oder falschen* Sätzen. Auch Zustände können falschen Sätzen entsprechen. Das Hauptmotiv für ihre Einführung war ja gerade dies, daß es sich dabei um etwas ewig Unrealisiertes handeln kann. Wenn wir dagegen fragen, unter welchen Umständen wir von identischen Zuständen sprechen sollen, so können wir als Antwort darauf nicht wieder auf das Identitätskriterium für Sachverhalte zurückgreifen. Wir erinnern uns daran, daß für den Sachverhaltsoperator „$\sigma(p)$" die semantische Regel aufgestellt worden ist, daß bei der Einsetzung analytisch äquivalenter Aussagen in die Argumentstelle Namen identischer Sachverhalte entstehen.

Versuchen wir, die analoge semantische Festsetzung für den Operator „$z(p)$“ zu treffen. Bevor wir uns die Konsequenzen einer solchen Festsetzung überlegen, müssen wir uns klarmachen, daß das analoge Problem, welches zur Einführung dieses Operators führte, noch an einer anderen Stelle auftritt. In unserem Argument ist ja nicht nur die Rede von dem, was N. N. *wünscht*, sondern auch von dem, was er *glaubt* (vgl. die Sätze (3) und (4)). Mit „Px“ für „x tritt in einen juristischen Paukkurs ein“ erhalten wir statt (3) den Satz:

(3′) $nGz((Pn)N(Bn))$ (N. N. glaubt (an den Zustand), daß N. N.'s Eintritt in den fraglichen Kurs eine notwendige Bedingung für das Bestehen der Staatsprüfung durch N. N. ist).

Allgemein hätten wir also „x glaubt, daß S“ wiederzugeben durch „$xGz(S)$“ und „x wünscht, daß S“ durch „$xWz(S)$“. Die versuchte Analogie zwischen dem in IV eingeführten Operator σ und dem jetzigen Operator z würde zu den folgenden semantischen Regeln führen: (a) wenn „$xGz(S)$“ wahr ist und „S“ analytisch äquivalent ist mit „S'“, so ist auch „$xGz(S')$“ wahr (d. h. Glauben ist invariant gegenüber analytisch äquivalenten Transformationen); und analog: (b) wenn „$xWz(S)$“ wahr ist und „S“ analytisch äquivalent ist mit „S'“, so ist auch „$xWz(S')$“ wahr (d. h. auch das Wünschen ist invariant gegenüber analytisch äquivalenten Transformationen).

Wie kann man nun herausbekommen, was jemand glaubt bzw. wünscht? Die einfachste und in den meisten Fällen zuverlässigste Methode ist die, daß man die betreffende Person befragt. Wenn wir uns auf dieses empirische Verfahren stützen, so kann und wird sich häufig ein Widerspruch zu der eben getroffenen semantischen Festsetzung ergeben. Für den Fall von Glaubenssätzen können wir ein Beispiel von B. RUSSELL benützen. Gehen wir dazu von der (allerdings recht unplausiblen) Annahme aus, daß „Mensch“ analytisch äquivalent sei mit „vernünftiges Lebewesen“[12]. Wir machen die Annahme: „Hans glaubt, daß alle Menschen sterblich sind“. Wegen der semantischen Regel (a) müßten wir dann auch schließen: „Hans glaubt, daß alle vernünftigen Lebewesen sterblich sind“. Das letztere braucht aber nicht richtig zu sein; denn Hans könnte ja z. B. der Meinung sein, daß der Vogel Phönix ein vernünftiges Lebewesen sei, das unsterblich

[12] Dieses Beispiel wird seit über 2000 Jahren, von ARISTOTELES bis R. CARNAP, von Logikern immer wieder verwendet. Seiner historischen Ehrwürdigkeit halber soll es wenigstens an dieser einen Stelle zur Geltung kommen. Unplausibel ist das Beispiel deshalb, weil wir doch sicherlich vernünftige Wesen auf anderen Sternen, die äußerlich keine Ähnlichkeit mit den Menschen, sondern z. B. mit riesigen Ameisen, hätten, nicht als Menschen bezeichnen würden.

ist. Im Fall des Wünschens geraten wir in genau dasselbe Dilemma. Wenn eine Person X wünscht, daß p (d. h. in der Sprache des ersten Lösungsvorschlages: wenn X den Zustand $z(p)$ wünscht), so kann sie uns doch gleichzeitig glaubwürdig versichern, daß sie nicht wünsche, daß p' (d. h. X wünscht nicht $z(p')$), obwohl p und p' analytisch äquivalent sind.

Die Inadäquatheit der obigen semantischen Festsetzung zeigt sich besonders deutlich in jenen Fällen, wo Personen etwas glauben oder sogar herbeiwünschen, das logisch widerspruchsvoll ist. Daß so etwas möglich ist, beruht einerseits darauf, daß die Entdeckung eines logischen Widerspruches außerordentlich schwierig sein kann, andererseits darauf, daß man den Widerspruch selbst nach Entdeckung nicht zur Kenntnis zu nehmen braucht. So hat es z. B. Leute gegeben (und wird es vermutlich noch für längere Zeit geben), die eine Dreiteilung des Winkels mittels Zirkel und Lineal oder die eine Quadratur des Kreises versuchten. Da logisch widerspruchsvolle Aussagen aber alle miteinander logisch äquivalent sind, müßten wir auf Grund der obigen Festsetzung (b) behaupten, daß Personen, die eine Dreiteilung des Winkels mit Zirkel und Lineal herbeizuführen wünschen, auch von dem Wunsch beherrscht seien, als erste auf dem Mond zu landen und nicht als erste auf dem Mond zu landen. Dies würde jedoch zweifellos als eine absurde Unterstellung empfunden werden.

An dieser Stelle bricht somit die Analogie zum früheren Fall der ontologischen Interpretation zusammen: Zustände als Glaubensinhalte und Wunschziele verhalten sich nicht völlig gleichartig wie Sachverhalte als Objekte von Erklärungen und Voraussagen. Wir benötigen vielmehr *ein schärferes principium individuationis für Zustände als für Tatsachen.* Die Frage ist nur, wie eine solche Verschärfung zu erzielen sei, die nicht sofort wieder zu unerwünschten Resultaten führt. Prinzipiell scheint sich dabei ein Konflikt zwischen einem solchen Individuationsprinzip und der wahrheitsgetreuen Äußerung von Personen nicht vermeiden zu lassen. Denn angenommen, wir identifizieren auf Grund *irgendeines* Kriteriums die Zustände z_1 und z_2. Warum soll uns dann nicht N. N. glaubhaft versichern, daß er zwar z_1, aber nicht z_2 wünsche? Eine zusätzliche Schwierigkeit bilden die Fälle, wo etwas logisch Widerspruchsvolles angestrebt wird. Während Sachverhalte und Tatsachen stets etwas logisch Mögliches darstellen, müssen jetzt auch Zustände postuliert werden, die logisch widerspruchsvollen Sätzen zugeordnet sind. Da das, was ein kontradiktorischer Satz behauptet, aber logisch unmöglich ist, stehen wir daher vor der Notwendigkeit, zwecks hinreichend umfassender Konstruktion des Wertbereiches unserer Variablen „y" unseren platonischen Himmel nicht nur mit unverwirklichten Möglichkeiten, sondern auch mit *unmöglichen* Entitäten bevölkern zu müssen. Ein solcher Fall läge etwa vor, wenn wir N. N.'s Wunsch in unserer Sprache durch

$$nWz(\vee x(Fx \wedge \neg Fx)) \tag{10}$$

wiederzugeben hätten. Wenn der Leser ein plausibleres Beispiel wünscht, so kann er etwa diese kontradiktorische Existenzaussage im Geltungsbereich des Operators *z* durch den Satz „es gibt eine Dreiteilung des Winkels mit Zirkel und Lineal" ersetzen.

Aber nicht nur, daß unser Universum von merkwürdigen und grotesken Entitäten überquellen würde – wir könnten auch eine absurde Vergewaltigung unserer Sprache nicht vermeiden: Die Ausdrücke „unmöglich" und „logisch unmöglich" wurden doch offenbar deshalb in die Sprache eingeführt, um ausdrücken zu können, daß etwas sicherlich nicht existiert. Weiß ich, daß etwas logisch unmöglich ist, so weiß ich, daß es das Betreffende nicht geben kann. *Jetzt aber sind wir genötigt, von der Existenz des logisch Unmöglichen zu sprechen.* Die Zustände gehören ja nunmehr zu den Werten unserer gebundenen Variablen, so daß wir beliebig darüber quantifizieren können. So dürfen wir z. B. aus dem Satz (10), in dem ein solcher unmöglicher Zustand als Wunschobjekt angeführt ist, als logische Folgerung die Existenzaussage ableiten:

(11) $\bigvee y\, nWy$ (es gibt etwas, das N. N. wünscht).

Zur Rechtfertigung für diese Existenzbehauptung müßten wir uns auf den in (10) angeführten „unmöglichen Zustand" berufen.

Es bliebe uns innerhalb dieses ersten Lösungsvorschlages nur dies übrig, den Gordischen Knoten mit Gewalt zu durchschneiden: *Wir postulieren für jeden einzelnen Satz eine eigene Entität.* Zwei verschiedenen Sätzen sind danach stets zwei verschiedene Zustände zuzuordnen. Die ontologische Identität zwischen zweien von diesen neuen Entitäten wird damit definitorisch auf die linguistische Identität – und zwar in dem scharfen Sinn der Identität physischer, also etwa akustischer oder sichtbarer materieller Gebilde – zurückgeführt. Bei einer solchen Formulierung der Identitätsbedingungen für Zustände wird es ganz offenkundig, daß sich dieser Begriff des Zustandes weder mit dem Begriff des Sachverhaltes noch mit dem der Proposition deckt. Denn wie immer diese letzteren intensionalen Begriffe eingeführt werden mögen, es wird sich stets ergeben, daß gestaltverschiedene Aussagen *dieselbe* Proposition ausdrücken oder *denselben* Sachverhalt beschreiben. Gerade so etwas aber müssen wir jetzt ausschließen. Falls wir die eben geschilderte Gewaltlösung akzeptieren, so tun wir im Grunde nichts anderes, als daß wir unsere Sprache in die Welt hineinprojizieren: So viele linguistische Unterscheidungen wir treffen können, so viele Unterschiede machen wir im Bereich unserer neuen Entitäten.

Die Parallele zu unserem ersten Lösungsvorschlag des in IV erörterten Ontologieproblems läßt sich also nicht durchführen. Unsere Schwierigkeit kann man in der folgenden dreifachen Alternative zusammenfassen:

1) Entweder wir verzichten darauf, eine klare semantische Regel für den Zustandsoperator „z" zu formulieren. Dann bleibt der ganze erste Lösungsvorschlag begrifflich unklar. Wir können nicht sagen, wann wir eine Aussage von der Gestalt $z(P_1) = z(P_2)$ als richtig zu betrachten haben; anders ausgedrückt: wir können nicht sagen, wann von einer Identität von Zuständen gesprochen werden soll. Daher wissen wir auch nicht, unter welchen Bedingungen wir von „x wünscht z" übergehen dürfen zu „x wünscht z'".

2) Oder aber wir führen für „z" dieselben semantischen Bedingungen ein wie für den früheren Sachverhaltsoperator „σ". Dann geraten wir in einen klaren Konflikt mit den Äußerungen von Personen, über deren Wunschziele und Glaubensinhalte wir Behauptungen aufstellen. Dieser Konflikt scheint selbst dann prinzipiell unvermeidbar zu sein, wenn wir schärfere Kriterien für die Identität von Zuständen aufstellen als für die Identität von Sachverhalten.

3) Oder wir ordnen jedem Satz als neue ontologische Entität einen eigenen Zustand zu, erklären also so viele zusätzliche Wesenheiten für existent, als es verschiedene Sätze gibt.

In den Fällen 2) und 3) würden wir überdies genötigt sein, von der Existenz des logisch Unmöglichen zu sprechen.

3.d Zweiter Lösungsversuch: Einführung neuer Operatoren mit Satzargumenten. Die Einführung neuer und neuer Entitäten ist schon an und für sich ein äußerst problematisches philosophisches Verhalten. Die zuletzt angeführten Schwierigkeiten verstärken beträchtlich das bereits in IV wirksame Motiv, nach einer andersartigen Lösung Umschau zu halten, die nicht mehr gegen das Prinzip von OCKHAM verstößt. Versuchen wir es daher mit einer Parallelisierung des seinerzeitigen zweiten Lösungsvorschlages. Dieser bestünde, auf den gegenwärtigen Fall übertragen, darin, daß „glauben" und „wünschen" nicht mehr als Relationsausdrücke, sondern *als prädikatbildende Operatoren mit Satzargument* eingeführt werden. Der größeren Anschaulichkeit halber führen wir dafür eine Bezeichnung ein und sprechen vom *wünscht-daß-Operator* sowie vom *glaubt-daß-Operator*, symbolisch „W_D" und „G_D". An die Stelle der Aussage (2″), nämlich „$nWz(Bn)$", sowie der Aussage (3′), nämlich „$nGz((Pn)N(Bn))$", treten die beiden Sätze:

(2*) $nW_D Bn$ (N. N. wünscht, daß Bn).

und

(3*) $nG_D((Pn)N(Bn))$ (N. N. glaubt, daß $((Pn)N(Bn))$).

Analog zur früheren Deutung kann man „W_D" und „G_D" auch als satzbildende Operatoren mit Namen- und Satzargument einführen. Entscheidend ist jedenfalls, *daß man nur über das jeweils erste Vorkommen von „n" quantifizieren darf*, nicht aber über die späteren Vorkommen; denn der ganze mit „W_D" bzw. „G_D" beginnende Ausdruck ist als unzerteilbares Ganzes, nämlich als ein einstelliges Prädikat, zu betrachten.

In syntaktischer Hinsicht gleichen die beiden neuen Operatoren dem in IV eingeführten Operator η_σ für „erklärt die Tatsache, daß". In semantischer Hinsicht dagegen muß aus demselben Grund wie im ersten Lösungsvorschlag ein Unterschied gemacht werden. Man kann selbst dann nicht behaupten, daß eine wahre Aussage xW_DP in eine wahre Aussage xW_DP' übergeht, wenn P und P' logisch oder analytisch äquivalent sind. Im Gegensatz zum ersten Lösungsvorschlag erzeugt dies aber keine Paradoxie, da wir jetzt keine außerlinguistischen Entitäten mehr postulieren, deren Identität und Verschiedenheit auf Satzidentität und Satzverschiedenheit zurückgeführt wird.

Dagegen entsteht eine neuerliche Schwierigkeit von anderer Art. Bei dem in IV diskutierten Fall handelte es sich darum, *eine isolierte metatheoretische Behauptung* von der Gestalt „dies und dies erklärt die Tatsache, daß so und so" adäquat wiederzugeben. Jetzt aber geht es um die Deutung *objektsprachlicher Aussagen*, zwischen denen ein *logischer Zusammenhang* bestehen muß, wenn die Erklärung korrekt sein soll: Aus (2) bis (4) wurde (5) abgeleitet. Bleibt dieser deduktive Zusammenhang erhalten, wenn wir die hier vorgeschlagene Interpretation akzeptieren? Die Antwort ist offenbar *negativ*: der Ableitungszusammenhang wird zerstört. Der Ausdruck „W_DBn" in (2*) ist ein *unanalysierbares einstelliges Prädikat von Individuen*, aus dem man den Redeteil „Bn" nicht herausbrechen kann. Das Analoge gilt für den mit „G_D" beginnenden Redeteil in (3*). Andererseits müßte man in (6) – bzw. in einer (6) entsprechenden Aussage (6*) mit „W_D" statt „W" und „G_D" statt „G" – die gebundene Variable „y" zu „Bn" spezialisieren und die beiden Variablen „v" und „y" in „$xG_D(vNy)$" zu „Pn" und „Bn", um den gewünschten logischen Zusammenhang herstellen zu können.

Nun kann man zwar geeignete Festsetzungen treffen, auf Grund deren alle diese Dinge erlaubt sind. Dann aber wäre es illusorisch zu meinen, man habe eine vom ersten Lösungsvorschlag *verschiedene* Deutung entworfen. Die Entitäten, welche zum Wertbereich der Variablen „y" und „v" in (6*) gehören, würden abstrakte Objekte darstellen, zu denen die intensionalen Designata von „Bn" und „$(Pn)N(Bn)$"[13] gehören. Aber auch dies wäre noch nicht korrekt. Denn als solche Designata würde man naturgemäß Propositionen oder Sachverhalte ansprechen. Wegen der hier erforderlichen schärferen Identifizierungsbedingungen – „verschiedene Sätze designieren auch im Falle logischer Äquivalenz Verschiedenes" – , die von den Bedingungen für die Identität von Propositionen und Sachverhalten abweichen,

[13] Man beachte genau, daß in „W_D" und „G_D" an der zweiten Argumentstelle *Sätze* stehen und nicht etwa Namen für Sätze!

käme man daher genau auf die „*Metaphysik der Zustände*" des ersten Lösungsvorschlages zurück.

Aus diesem Grunde wäre es auch unkorrekt, die Operatoren „W_D" und „G_D" in der Form „xW_Dp" und „xG_Dp" mit der Individuenvariablen „x" und der Satz*variablen* „p" anzuschreiben. Denn bezüglich der *Variablen* „p" wäre die Frage berechtigt und unvermeidbar, welche Arten von Entitäten ihren Wertbereich ausmachen. Eine adäquate Charakterisierung der beiden Operatoren müßte vielmehr, am Beispiel von „W_D" illustriert, so aussehen: Wir gehen aus von dem *Schema* „xW_D-", aus dem durch Einsetzung von Sätzen für „$-$" einstellige Individuenprädikate erzeugt werden. Da wir voraussetzen, daß wir in der als Metasprache benützten Alltagssprache verstehen, was es heißt, daß jemand etwas wünscht, so sind dadurch auch die Wahrheitsfälle dieses Prädikates festgelegt[14]. Dagegen wird keine Regel von der Gestalt aufgestellt, daß die Einsetzung von analytisch äquivalenten Sätzen für „$-$" zu extensionsgleichen Prädikaten führt, also eine Identität der Wahrheitsfälle erzeugt.

Wenn wir also unser teleologisches Argument als ein *logisch korrektes* Argument rekonstruieren wollen, so können wir uns auch mit der Analogie zum zweiten Lösungsvorschlag in der Ontologie der Erklärung nicht zufriedengeben. Wie I. Scheffler, a. a. O. S. 99, korrekt hervorhebt, muß dieser letzte Lösungsvorschlag in der Weise modifiziert werden, daß man in Prädikate von der Gestalt „$W_D(Bn)$" eine *Struktur* hineinbringt, die sich weiter *analysieren* läßt.

3.e Dritter Lösungsvorschlag: Deutung von Glauben und Wünschen als Relationen neuer Art. Den nächstliegenden Versuch, eine solche Struktur in die vorläufig unanalysierbaren Prädikate zu bringen, bildet eine Analogiekonstruktion zum früheren dritten Lösungsvorschlag. Dieser bestand darin, daß wir Sachverhalte und Tatsachen einfach übersprangen und den Erklärungsbegriff als zweistellige Relation deuteten, die Sätze mit Sätzen verbindet (bzw. in der konkreten Anwendung: Aussagen mit Aussagen). In Ergänzung dazu mußte ein prädikatbildender Operator mit Satzargument verwendet werden, dessen Schema lautete: $W(-)y$. Darin durfte die Leerstelle durch beliebige Sätze ausgefüllt werden, wodurch ein einstelliges Satzprädikat entstand. Gehen wir auch diesmal so vor, so haben wir zunächst Glauben und Wünschen als Relationen einzuführen, wobei das zweite Relationsglied aus konkreten Äußerungen (Aussagen oder Satzinschriften) besteht, während sich das erste auf Personen bezieht.

Dieser Vorschlag, Glauben und Wünschen als Relationen zwischen handelnden Personen und Inschriften zu konstruieren, geht auf W. V.

---

[14] Selbstverständlich kann im Bedarfsfall eine über das vulgäre Verständnis hinausgehende weitere Präzisierung verlangt werden.

QUINE zurück[15]. Um eine Verwechslung mit jenem Fall zu vermeiden, in dem eine Person ein konkretes Objekt zu haben wünscht und dieses Objekt zufälligerweise mit einer solchen Inschrift identisch ist, führt QUINE die Ausdrücke „*wünscht als wahr*" und „*glaubt als wahr*" ein. Wir übernehmen diese Terminologie. Als symbolische Abkürzungen für die neuen Operatoren verwenden wir die Buchstaben „W" und „G" mit unterem Index „w" für „wahr". Der Leser möge beachten, daß es sich nicht darum handelt, spezielle Arten des Wünschens oder Glaubens auszuzeichnen. Vielmehr sollen es diese neuen Operatoren gestatten, *alle* Fälle von etwas Wünschen oder etwas Glauben zu interpretieren, insbesondere auch jene, in denen die Wunsch- oder Glaubensobjekte zufälligerweise mit Äußerungen zusammenfallen. An die Stelle der Aussage (2) tritt jetzt:

(12) N. N. wünscht-als-wahr, daß Bn.

Für die Interpretation dieser Aussage ist noch zu klären, wie die Daß-Klausel zu deuten ist. Wir versuchen eine möglichst getreue Analogiekonstruktion zum früheren Vorgehen. Der mit dem „daß" beginnende Redeteil ist dann als ein *prädikatbildender Operator mit Satz- bzw. Aussageargument* zu deuten, wobei die erzeugten Prädikate selbst Satz- bzw. Aussageprädikate sind. Für den Operator verwenden wir den Buchstaben „D". Die Einzelfälle entstehen aus dem Schema „$D(-)x$" wobei für „$-$" beliebige Aussagen einzusetzen sind und der Wertbereich der Variablen „x" alle Aussagen umfaßt. Alltagssprachlich können wir das Schema etwa so wiedergeben: „x ist ein daß– -Satz". Damit haben wir das gesamte begriffliche Material beisammen, um die einzelnen Aussagen des teleologischen Argumentes rekonstruieren zu können. Wie sich sofort zeigen wird, hat die Präzisierung der Daß-Klausel zur Folge, daß die beim Operator „W_D" (zweiter Lösungsvorschlag) auftretende Schwierigkeit, nämlich die Nichtabspaltbarkeit des zweiten Gliedes, verschwindet. Statt der Aussage (2) erhalten wir zunächst eine detailliertere Darstellung von (12), nämlich:

(2**) $\bigvee y\,(nW_w y \wedge D(Bn)y)$ (N. N. wünscht-als-wahr ein y, welches eine daß-N. N.-die-juristische-Staatsprüfung-besteht-Aussage ist)

Analog wird (3) zu:

(3**) $\bigvee y\,(nG_w y \wedge D(Bn \rightarrow Pn)y)$ (N. N. glaubt-als-wahr etwas, was eine $Bn \rightarrow Pn$-Aussage ist).

In (3**) haben wir zugleich die frühere Formulierung, in der von einer notwendigen Bedingung die Rede war, in die Sprache der materialen Impli-

[15] Vgl. vor allem den Aufsatz [Attitudes].

kation übersetzt: Daß die fragliche Teilnahme eine notwendige Bedingung für das Bestehen der Prüfung ist, wird in symbolischer Abkürzung gerade durch „$Bn \rightarrow Pn$" ausgedrückt. In (2**) wie (3**) kommt jeweils eine gebundene Variable „y" vor. Diese ist aber *ontologisch harmlos*: sie läuft über keine problematischen intensionalen Entitäten wie Zustände oder Glaubensinhalte und Wunschziele, sondern nur über *konkrete Objekte*, nämlich Äußerungen, d. h. Inschriften und Aussagen im früher angegebenen Sinn.

Bevor wir mit der Analyse des teleologischen Argumentes fortfahren, stellen wir eine kurze Zwischenbetrachtung darüber an, was durch diese neue Deutung erzielt wird: Erstens *vermeiden wir damit eine Ontologie unverwirklichter Möglichkeiten und Unmöglichkeiten*, zu der wir im ersten Lösungsvorschlag greifen mußten. Trotzdem vermeiden wir zweitens zugleich die im vorigen Lösungsvorschlag enthaltene Schwierigkeit, Glaubens- und Wunschsätze nicht *zu geeigneten Bestandteilen teleologischer Argumente* machen zu können, da z. B. das „Bn" von (2*) nicht aus dem Kontext herausisoliert werden und daher die ganze Aussage (2*) nicht durch Spezialisierung einer Allformel erhalten werden konnte. In den Aussagen (2**) und (3**) haben wir dagegen die abspaltbare Variable „y". Daß dies wirklich genügt, um den gewünschten Effekt zu erzielen, muß allerdings in der folgenden Analyse noch im einzelnen gezeigt werden. Drittens wird durch dieses Verfahren erreicht, *daß die Existenz jener Objekte, von denen im teleologischen Argument die Rede ist, auch dann noch behauptet werden kann, wenn der Glaube, von dem die Rede ist, falsch sein sollte, und die Wünsche, über die wir sprechen, in Zukunft vereitelt werden sollten*, ja selbst dann, wenn das Glauben und Wünschen ein höchstes Maß an Irrationalität aufweisen sollte. Wenn jemand wünscht, daß etwas gleichzeitig rund und nicht rund sein möge, so ist es zwar äußerst problematisch, Zustände als Wunschobjekte einzuführen, zu denen auch ein solches unmögliches Objekt (das gleichzeitige Rundsein und Nichtrundsein von etwas) gehört. Es ist hingegen gänzlich unproblematisch zu behaupten, daß eine *Inschrift* existiert, die besagt, daß etwas zugleich rund und nicht rund sei.

Was noch aussteht, ist erstens der Nachweis, daß die begonnene Analyse auch in dem Sinn mit Erfolg zu Ende geführt werden kann, daß das ganze Argument rekonstruierbar wird. Zweitens muß der semantische und syntaktische Status der nichtlogischen Konstanten von (2**) und (3**) vollständig geklärt werden. Beginnen wir zunächst mit dem letzteren. Die syntaktische Natur der Relationsausdrücke „W_w" und „G_w" sowie des Operators „D" ist bereits beschrieben worden, so daß wir hier nichts hinzuzufügen haben. Was den semantischen Aspekt betrifft, so genügt es, einen der beiden Relationsausdrücke, z. B. „W_w", herauszugreifen, da der andere in vollkommen analoger Weise zu behandeln ist. Angenommen, es sei y so geartet, daß $D(Bn)y$ gilt. *Unter dieser Voraussetzung soll* „nW_wy" *genau* *dann als wahr erklärt werden, wenn die Aussage* (2*) *gilt.* Das Problem der semantischen Deutung von „W_w“ ist damit auf das der Semantik von „D“ reduziert. Es könnte hier der Einwand vorgebracht werden, daß wir durch den Rückgriff auf den Wahrheitswert von (2*) auch auf den Operator „W_D“ des zweiten Lösungsvorschlages zurückgegriffen haben, den wir wegen der damit verbundenen Schwierigkeiten ablehnten. Ein solcher Einwand würde jedoch auf einer begrifflichen Konfusion beruhen. Wir haben zwar in der Tat den zweiten Lösungsvorschlag abgelehnt, aber nicht wegen eines Mangels des Operators „W_D“ als solchen, sondern nur wegen der Unmöglichkeit, auf dieser Basis das ganze Argument *als logisch korrektes Argument zu rekonstruieren.* Gegen den Operator „W_D“ selbst und seine semantische Interpretation hatten wir keine Einwendungen erhoben. Bei der semantischen Deutung von „W_w“ greifen wir damit auf die als Metasprache verwendete Alltagssprache zurück. Denn wir setzen voraus, daß wir wissen, was es bedeutet, daß jemand etwas wünscht. Die *semantische Regel* für „W_w“ kann auch so ausgesprochen werden: Das Prädikat „W_w“ trifft auf ein geordnetes Paar (x, y), bestehend aus einer Person x und einer Inschrift (oder sonstigen Äußerung) y, genau dann zu, wenn es eine Aussage P gibt, so daß x wünscht, daß P, und wenn außerdem $D(P)y$ wahr ist.

Bezüglich der *Semantik des Operators* „$D(-)y$“ können wir nicht die analoge Regel für den Operator „$W(-)y$“ in IV benützen. Diese Regel würde ja besagen, daß aus diesem Schema dadurch ein wahrer Satz entsteht, daß wir für „y“ den Namen einer Aussage einsetzen, die mit der für „$-$“ eingesetzten Aussage *logisch bzw. analytisch äquivalent* ist. Demgegenüber wissen wir, daß jemand, der etwas durch einen Satz S Beschriebenes wünscht oder glaubt, damit noch nicht das zu wünschen oder zu glauben braucht, was durch einen mit S logisch äquivalenten Satz S' beschrieben wird. Wir müssen vielmehr die Methode des ersten Lösungsvorschlages parallelisieren. Diese Methode erschien uns dort als eine Gewaltlösung, da sie jeder Aussage eine eigene und von allen übrigen verschiedene Entität zuordnete. Was uns dort als gewaltsam erschien, ist jetzt unbedenklich, da wir keine neuen ontologischen Objekte postulieren, sondern nur mit Aussagen und Inschriften operieren.

Für die Formulierung der neuen Bedingung müssen wir uns von vornherein auf Sätze beschränken, die keine Indikatoren enthalten[16]. Das letztere sind Ausdrücke wie „ich“, „du“, „jetzt“, „hier“ etc., die je nach der Situation ein anderes Designatum haben. Wenn z. B. tausend verschiedene Personen denselben Ich-Satz aussprechen („ich habe Durst“), so beziehen sie sich trotz gleichen Wortlautes auf tausend verschiedene Gegenstände (Personen). Indikatorwörter sind prinzipiell vermeidbar, und wir müssen hier voraussetzen, daß keine verwendet wurden. Unter dieser Voraussetzung können wir behaupten, daß eine wort- und buchstabengetreue Wiedergabe

[16] Dieser Ausdruck stammt von NELSON GOODMAN, [Appearance], S. 362.

eines Satzes – eine *Kopie* dieses Satzes, wie wir dies nennen wollen – genau dasselbe behauptet wie der erste Satz. Von einer Aussage mit Indikatoren hingegen können neue und neue Kopien gebildet werden, die immer wieder Neues und Anderes behaupten. Unter der *Sprachzuordnung* eines Ausdruckes verstehen wir die Sprache, als deren Bestandteil der Ausdruck intendiert war und in der dieser Ausdruck auch tatsächlich vorkommt. So können z. B. Ausdrücke wie „KIND" und „NOT" verschiedene Sprachzuordnungen haben; denn sie kommen sowohl im Deutschen wie im Englischen vor. Da man hierbei auf die Intention des Sprachbenützers Bezug nehmen muß, ist dieser Begriff streng genommen ein pragmatischer Begriff und nur für Satzäußerungen und nicht für Sätze definiert. Entsprechend dem Vorschlag von I. SCHEFFLER[17] sagen wir von zwei *indikatorenfreien Satzäußerungen* (Inschriften oder Aussagen), daß sie denselben Satz darstellen, wenn sie erstens *Kopien* voneinander sind und außerdem dieselbe Sprachzuordnung haben. Äußerungen, die denselben Satz darstellen, heißen auch wechselseitige *Rephrasierungen* voneinander.

Jetzt können wir die Wahrheitsbedingungen für die aus „$D(-)y$" zu bildenden Sätze so erklären: Dafür, *daß aus „$D(-)y$" ein wahrer Satz entsteht, ist es notwendig und hinreichend, daß für „–" eine Aussage und für „y" der Name einer solchen Aussage eingesetzt wird, die eine Rephrasierung der für „–" eingesetzten Aussage darstellt.* Da die Wendung „X ist eine Rephrasierung von Y" eine Äquivalenzrelation beschreibt, d. h. eine transitive, symmetrische und reflexive Beziehung, kann für „y" insbesondere ein Name der an der ersten Argumentstelle von „D" stehenden Inschrift eingesetzt werden, um einen Wahrheitsfall zu erhalten. Über das Vorhandensein einer Inschrift von der verlangten Art brauchen wir uns den Kopf nicht zu zerbrechen. Mit jedem konkreten Prädikat, das wir aus „$D(-)y$" formen können, ist die Existenz einer solchen Inschrift bereits gesichert.

Der Begriff der Rephrasierung kann dazu verwendet werden, um die Wiedergabe der ursprünglichen Prämissen (2) und (3) durch (2**) und (3**) nochmals zu vereinfachen. Wir schreiben anstelle dieser beiden Sätze einfach:

(2**') $$nW_w(„Bn")$$

(3**') $$nG_w(„Bn \rightarrow Pn")$$ [18]

und fügen zu den semantischen Regeln für „W_w" bzw. „G_w" ausdrücklich hinzu, daß ein Wahrheitsfall von „xW_wy" (bzw. „xG_wy") dadurch wieder in einen Wahrheitsfall dieser Prädikate übergeht, daß für „y" der Name

[17] [Anatomy] S. 102.

[18] An der zweiten Argumentstelle dieser Relationen steht jeweils der Name einer bestimmten Aussage. Der Einfachheit halber führen wir keine neuen Namensymbole ein, sondern verwenden Anführungszeichen.

einer Rephrasierung von y (also der durch „y“ benannten Äußerung) eingesetzt wird. Eine Aussage oder Inschrift als-wahr-wünschen bzw. als-wahr-glauben bedeutet, daß zugleich auch alle Rephrasierungen dieser Aussage (Inschrift) als-wahr-gewünscht bzw. als-wahr-geglaubt werden.

Der Vollständigkeit halber sei noch erwähnt, daß es nicht unbedingt erforderlich ist, sich auf Äußerungen mit gleicher Sprachzuordnung zu beschränken. Unter Verwendung eines geeigneten Übersetzungsbegriffes wäre es prinzipiell möglich, den Begriff der Rephrasierung so zu verallgemeinern, daß er auf Aussagen verschiedener Sprachen anwendbar wird. Diese Verallgemeinerung wird jedoch für unsere Zwecke nicht benötigt[19]. *Daß eine Person die Inschrift y als wahr glaubt (oder wünscht), setzt nicht voraus, daß sie die Sprache versteht, in der diese Inschrift formuliert ist.* Sie braucht überhaupt keine Inschrift zu verstehen. Wenn man bereit ist, Ausdrücke wie „wünschen“ und „glauben“ auch auf den tierischen Bereich anzuwenden, so gibt es keinen Hinderungsgrund, den Satz „die Katze wünscht, daß die Maus aus dem Loch herauskommt“ im Sinn unserer Deutung zu rekonstruieren, wonach die Katze die Inschrift „die Maus wird aus dem Loch kommen“ als-wahr-wünscht, ungeachtet der Tasache, daß die Katze diese Inschrift nicht lesen und verstehen kann.

Wir müssen uns jetzt noch mit der generellen Prämisse (4) beschäftigen, um uns dessen zu vergewissern, daß die neue Deutung nicht mit einem ähnlichen Mangel behaftet bleibt wie der zweite Lösungsvorschlag. Als Vorbereitung dazu muß zunächst der darin vorkommende Begriff der Realisierung oder Verwirklichung geklärt werden. Analog zu den Fällen des Glaubens und Wünschens konstruieren wir diesen Begriff als eine Beziehung zwischen einer Person und einer Inschrift und lesen ihn als „macht wahr“, abgekürzt: „M_w“. Wieder müssen wir hierzu sofort bemerken, daß wir diese zunächst als seltsam erscheinende Konstruktion nur deshalb vornehmen, um den geschilderten ontologischen und semantischen Schwierigkeiten zu entgehen und daß daher das wahr-Machen einer Inschrift nicht impliziert, daß der Handelnde die Inschrift selbst erzeugt, ja nicht einmal, daß er sie versteht, sondern nur, daß er die durch die Inschrift beschriebene Handlung vollzieht. Im Gegensatz zu den beiden früheren Fällen muß daher ein Wahrheitsfall dieses Prädikates die Wahrheit der fraglichen Inschrift selbst implizieren. D. h. die Geltung des folgenden Konditionalsatzes ist als Bestandteil der *Bedeutung* von „M_w“ aufzufassen:

---

[19] Eine gewisse analoge Verallgemeinerung wäre jedoch erforderlich, um die Wahrheitsbedingungen des Operators „D“ auch für solche Äußerungen adäquat zu formulieren, die keine Inschriften sind. Denn wie der Leser leicht feststellen wird, muß in der obigen Erklärung für den Gebrauch dieses Operators das Wort „Aussage“ zunächst stets in dem engeren Sinn der schriftlichen Äußerung verstanden werden.

(13) Wenn „xM_wy“ wahr ist, so ist y wahr (anders ausgedrückt: wenn xM_wy, so ist y wahr).

Dieser Konditionalsatz läßt sich zu einem Bikonditionalsatz (d. h. zu einer genau-dann-wenn-Behauptung) verschärfen, sofern man die weitere Bedingung hinzufügt, daß die Aussage (Inschrift) y von einer durch x selbst vorzunehmenden Wahlhandlung spricht. Wenn eine spezielle Inschrift besagt, daß Hans eine Ferienreise nach Griechenland wählt, so macht Hans diese Inschrift genau dann wahr, wenn diese Inschrift zutrifft. In Analogie zum Wünschen und Glauben muß für den Begriff „M_w“ ferner gelten, daß das wahr-Machen einer Inschrift das wahr-Machen aller Rephrasierungen dieser Inschrift impliziert.

Als letzten Hilfsbegriff für die Rekonstruktion von (4) benötigten wir eine dreistellige Relation „$Kxyz$“, welche die folgende Bedeutung hat: x ist ein Konditionalsatz, bestehend aus dem Wenn-Satz y und dem Dann-Satz z. Wir sagen kurz: x ist die Pfeilverknüpfung von y mit z. Wenn wir diese eben gegebene Erläuterung von der Satz-Sprache in die Aussage-Sprache übersetzen, so können wir (4) folgendermaßen wiedergeben:

(4**) $$\wedge x \wedge y \wedge z \wedge v\,(xW_wz \wedge xG_wy \wedge Kyzv \rightarrow xM_wv).$$

Einige pedantische Details wären hier noch hinzuzufügen. Um diesen Satz nicht noch komplizierter werden zu lassen, sollte festgelegt werden, daß der Wertbereich der ersten Variablen „x“ aus allen Personen (oder allgemeiner: aus allen Organismen) besteht und daß die Wertbereiche der drei übrigen Variablen identisch sind und aus allen Inschriften und Aussagen bestehen. Dabei wäre vor allem zu beachten, daß wegen der oben gegebenen Explikation von „M_w“ die Wahrheitsfälle des letzten Gliedes nur solche Fälle einschließen, in denen die Aussage oder Inschrift v (also die durch „v“ benannte Aussage oder Inschrift) die Gestalt hat „x wählt ...“, wobei „x“ jener Name ist, der in diesem letzten Glied vor dem Prädikat „M_w“ steht.

Am raschesten läßt sich die Ableitung jetzt unter Benützung der Versionen (2**′) und (3**′) der singulären Prämissen durchführen. Wenn man in (4**) die Variablen „x“, „z“ und „y“ durch die Namen „n“, „„Bn““ (und nicht etwa den Satz „Bn“!) sowie „„′$Bn \rightarrow Pn$′““ ersetzt, so stimmen die beiden ersten Konjunktionsglieder mit diesen zwei singulären Prämissen überein. Das dritte Konjunktionsglied wird ebenfalls richtig, wenn „v“ durch „„Pn““ ersetzt wird, da ja gilt: K„$Bn \rightarrow Pn$“„Bn“„Pn“. Wir können also auf die Richtigkeit des spezialisierten Hintergliedes von (4**) schließen, d. h. auf „nM_w „Pn““. Auf Grund der semantischen Regel (13) für „M_w“ folgt daraus, daß „Pn“ wahr ist. Dies aber ist gerade die Conclusio (5) des ursprünglichen teleologischen Argumentes.

Knüpft man dagegen bezüglich der beiden singulären Prämissen an die Existenzsätze (2**) und (3**) an, so ist die Ableitung etwas komplizierter. Außerdem benötigt man jetzt ein Prinzip von folgender Gestalt:

(14) Für beliebiges x gilt: wenn $D(A \rightarrow B)x$, so existiert ein y und ein z, so daß auch gilt: $D(A)y$, ferner $D(B)z$ und $Kxyz$.

Der Gang der Ableitung möge kurz skizziert werden: Es sei y_0 ein y von der in (2**) verlangten Art und y_1 ein y von der Art, wie es in (3**) gefordert wird; insbesondere gilt also $nG_w y_1$. Wegen (14) gibt es dann ein z_1 und ein v_1, so daß $D(Bn)z_1$, $D(Pn)v_1$ und $Ky_1 z_1 v_1$. Da wir $D(Bn)y_0$ vorausgesetzt hatten, sind z_1 und y_0 also Rephrasierungen derselben Aussage „Bn“ und daher auch Rephrasierungen voneinander. Aus $nW_w y_0$ erhalten wir somit $nW_w z_1$, da das als-wahr-Wünschen einer Inschrift das als-wahr-Wünschen aller Rephrasierungen dieser Inschrift impliziert. Aus $nG_w y_1$, $nW_w z_1$ und $Ky_1 z_1 v_1$ erhält man mittels (4**) die Conclusio $nM_w v_1$. Da wir andererseits wissen, daß $D(Pn)v_1$, und da ferner das wahr-Machen einer Inschrift das wahr-Machen jeder Rephrasierung dieser Inschrift impliziert, erhalten wir auch, daß n „Pn“ wahr macht, und daher auf Grund von (13) wieder die Wahrheit von „Pn“.

Damit ist die Analyse unseres Beispiels unter Zugrundelegung des dritten Lösungsvorschlages zu Ende geführt. Die früheren Schwierigkeiten sind hier beseitigt. Die Analyse wurde so weit vorgenommen, daß deutlich geworden sein dürfte, wie dieses Verfahren auf andere Fälle teleologischer Erklärungen zu übertragen ist.

Eine Schwierigkeit von anderer Art, auf die W. V. Quine hingewiesen hat, verbleibt allerdings. Betrachten wir dazu etwa die Aussage:

(15) Hans glaubt etwas, das Karl nicht glaubt.

Wenn wir diesen Satz mit Hilfe des Prädikates „G_w“ wiedergeben, so wird darin behauptet, daß eine Aussage oder eine Inschrift existiert, die Hans als-wahr-glaubt, Karl jedoch nicht. Nun braucht aber ein Glaube weder mit der Erzeugung einer Inschrift noch mit der Formulierung einer Aussage verbunden zu sein. Die fragliche Äußerung braucht also, im Gegensatz zu der in unserer Interpretation von (15) enthaltenen Behauptung, überhaupt nicht zu existieren. Quine schlägt daher vor, *in Glaubens- und Wunschkontexten auf Quantifikationen ganz zu verzichten* und Ausdrücke wie „glauben“, „wünschen“ etc. überhaupt nicht als Relationen zu konstruieren, so daß es z. B. sinnlos wird, von Objekten des Glaubens zu sprechen. Stattdessen wird „glaubt, daß –“ als ein prädikatbildender Operator mit Satzargument konstruiert, der nach Einsetzung eines Satzes in die Leerstelle „–“ ein Prädikat erzeugt, das auf Glaubende anwendbar ist. Dies aber ist genau das

Vorgehen im zweiten Lösungsvorschlag: Ersetzung der Relation G bzw. G_W durch den Operator G_D. Dieser Vorschlag funktioniert, wie wir gesehen haben, nur so lange, als man sich auf die Analyse isolierter Glaubenssätze beschränkt. Ein Verzicht auf Sätze von der Gestalt des Satzes (15) mag dann akzeptabel erscheinen. Was QUINE jedoch nicht berücksichtigt hat, ist die Tatsache, daß es außer den „trivialen" Quantifikationen von der Art (15) andere *nichttriviale* gibt, deren Preisgabe den deduktiven Zusammenhang in bestimmten erklärenden Argumenten zerstören würde. Wegen des Vorkommens „teleologischer" Erklärungen, in denen Allsätze über Glaubensinhalte und Wunschziele benützt werden, können wir uns nicht den Luxus leisten, auf den relationalen Sinn des Glaubens und Wünschens zu verzichten, welcher derartige Quantifikationen gestattet. Glücklicherweise dürften Sätze von der Art des Satzes (15) in teleologischen Erklärungen nicht vorkommen, da in den Antecedensbedingungen stets von *bestimmten* Glaubensinhalten und *bestimmten* Wünschen die Rede ist, die in diesen Bedingungen genau spezifiziert werden.

4. Die Logik der Funktionalanalyse

4.a Funktionalanalysen mit und ohne Erklärungsanspruch. Erklärender Funktionalismus als Abkömmling des Vitalismus. Wir gingen davon aus, daß man wissenschaftliche Erklärungen unter einem pragmatischen Aspekt als Antworten auf Warum-Fragen deuten kann, die sich auf gewisse reale Tatsachen beziehen. Dies ist zwar eine etwas grobe und schematische Charakterisierung, aber sie erweist sich als zweckmäßig, um zu einer vorläufigen Klassifikation der verschiedenen Erklärungstypen zu gelangen. Fassen wir den Begriff der Erklärung oder allgemeiner den der Systematisierung im weitesten, d. h. im liberalsten Sinn, so kann die Antwort entweder darin bestehen, daß bloß sogenannte Erkenntnisgründe geliefert werden, oder darin, daß man Realgründe oder Ursachen angibt. Wie wir gesehen haben, wäre es unrichtig, im letzteren Fall den kausalen Erklärungen die teleologischen Erklärungen gegenüberzustellen. Dagegen müssen wir noch eine andersartige Differenzierung überprüfen: Nicht wenige heutige Theoretiker machen nämlich einen Unterschied zwischen *kausalen Analysen* einerseits und *funktionellen Analysen* oder *Funktionalanalysen* auf der anderen Seite.

Nicht immer, wenn ein Gegenstand durch Hinweis auf seine Funktion charakterisiert wird, kann behauptet werden, daß dabei eine Funktionalanalyse in dem spezifischen Wortgebrauch vorliegt, wonach eine solche Analyse mit *Erklärungsanspruch* auftritt. Es kann sich vielmehr auch um eine bloß beschreibende Feststellung handeln. Dies wird z. B. meist der Fall sein, wenn man es mit Mechanismen zu tun hat, die den Charakter von *Selbstregulatoren* haben. Die Rolle bestimmter Einzelteile eines solchen Mechanismus wird häufig in der Sprache der Funktionen geschildert. So wird z. B. ein Techniker sagen, daß die Funktion des Wattschen Dampfregulators darin bestehe, ein Gleichgewicht zwischen Energiezufuhr (Dampfzufuhr) und Energiebedarf herzustellen. Auf die weitere Frage, *wie* denn dieser Dampfregulator funktioniere, wird er eine rein kausale Analyse dieses Mechanismus liefern. Diese Kausalanalyse kann entweder auf der rein qualitativen oder auf einer quantitativen Stufe gegeben werden: Wenn es sich nur darum handelt, einem Laien eine solche Schilderung zu geben, daß dieser den Selbstregulationsautomatismus im Prinzip versteht, wird die qualitative Sprache genügen. Für seine eigenen Zwecke wird dies dagegen nicht hinreichend sein; denn der Techniker muß das Niveau, auf dem sich das Gleichgewicht herstellt, auf der Grundlage der relevanten Ausgangsdaten *berechnen* können. Ähnlich verhält es sich, wenn z. B. ein Nationalökonom behauptet, daß der Preismechanismus innerhalb einer freien Verkehrswirtschaft die Funktion habe, Angebot und Nachfrage und damit Güterproduktion und Güterkonsum ins Gleichgewicht zu bringen. Mit einer solchen Behauptung verbindet sich ebensowenig wie im ersten Beispiel der Anspruch, eine Erklärung von etwas zu liefern. Die Äußerung bildet nur einen vorläufigen beschreibenden Hinweis. Die eigentliche Erklärung besteht in der detaillierten Schilderung und kausalen Analyse des Wirtschaftsmechanismus, durch die nachgewiesen wird, daß und wie sich ein ökonomisches Gleichgewicht auf einem bestimmten Niveau von Preisen und bestimmten Preisrelationen einstellt.

Was uns demgegenüber in diesem Abschnitt interessiert, sind Funktionalanalysen, die den stärkeren Erkenntnisanspruch erheben, *Erklärungen* zu liefern. Ihrer historischen Herkunft nach handelt es sich zweifellos um Abkömmlinge älterer teleologischer oder finalistischer Auffassungen, wonach bestimmte Ereignisse nicht durch zugrundeliegende Wirkursachen, sondern mit Hilfe von bestimmenden Endursachen erklärt werden. Diesen Erklärungstypus finden wir z. B. ebenso in der aristotelischen Naturphilosophie wie im Neovitalismus. Es seien daher, in Ergänzung zu den Andeutungen in den Abschnitten 1 und 3.a, einige Bemerkungen über diese philosophische Konzeption vorangeschickt.

Nach vitalistischer Auffassung müssen spezifisch organische Prozesse, wie die Reproduktion, Regulation und Regeneration und evtl. noch weitere zielgerichtete Verhaltensweisen von Systemen, mit Hilfe einer „*Lebenskraft*" oder unter Benützung des Begriffs der *Entelechie* erklärt werden. Dieser Begriff wurde stets nur sehr undeutlich erläutert. Prinzipiell gibt es *zwei Deutungsmöglichkeiten:* eine mehr konkrete und eine mehr abstrakte Interpretation. Nach der *konkreten Deutung* handelt es sich um reale, aber unkörperliche und daher sinnlich nicht wahrnehmbare Kräfte oder Wesen, auf deren zielstrebiges Handeln die fraglichen Prozesse zurückzuführen sind. Diese „Dämonologie“ verstößt gegen die Grundprinzipien der empirischen Forschung: Es werden *keine empirischen Kriterien* angegeben, um die Tätigkeitsweise dieser Entitäten zu überprüfen oder auch nur um die Annahme ihrer Existenz zu stützen. Die negative Tatsache, daß gewisse Vorgänge *vorläufig noch nicht* mit Hilfe der bekannten physikalisch-chemischen Gesetze erklärbar sind, besagt in dieser Hinsicht an sich nichts und ist sicherlich kein Ersatz für solche Kriterien. Nach der *abstrakten Auffassung* soll der Begriff der Entelechie ähnlich gedeutet werden wie ein theoretischer Begriff in anderen Wissenschaften, z. B. der Begriff des elektromagnetischen Feldes. Dann ist diese Auffassung aus einem anderen Grund unhaltbar: Theoretische Begriffe erhalten dadurch eine indirekte und partielle empirische Deutung, daß sie als „Knotenbegriffe“ in Naturgesetze eingehen und dadurch mit zahlreichen anderen empirischen Begriffen verknüpft sind. Von den Vitalisten wurden *keine derartigen Gesetze über Entelechien* aufgestellt. Dadurch unterscheidet sich dieser Begriff der Entelechie grundsätzlich von allen anderen naturwissenschaftlichen Begriffen. Dieser Umstand aber macht die vitalistische Konzeption in der zweiten Deutung vonseiten der Logik der Erklärung zu einer unbrauchbaren Theorie: *Mit Hilfe von Begriffen allein läßt sich überhaupt nichts erklären*, selbst dann nicht, wenn diese Begriffe empirisch interpretierbar sind. Was für eine wissenschaftliche Erklärung benötigt wird, sind *nomologische oder statistische Gesetzmäßigkeiten.* Solange solche nicht angebbar sind, liegt eine Pseudoerklärung vor. Es wäre daher nicht zulässig, z. B. eine Parallele herstellen zu wollen zwischen dem Entelechiebegriff einerseits und einem abstrakten physikalischen Begriff, wie etwa dem der Gravitation, andererseits und zu argumentieren, daß mittels des ersteren die Selbstregulationsvorgänge an Organismen in analoger Weise erklärt würden, wie sich die Planetenbewegungen durch den Gravitationsbegriff erklären ließen. Denn die Gravitationstheorie liefert geeignete *Gesetze*, welche eine Erklärung dieser Bewegungen ermöglichen; in der vitalistischen Theorie hingegen findet sich dazu kein Analogon.

Von Erfahrungswissenschaftlern, z. B. von Biologen, hört man gelegentlich die Bemerkung, daß der Vitalismus als überwunden betrachtet werden müsse. Eine solche negative Feststellung könnte man als die summarische Zusammenfassung der Verwerfung von zwei Positionen, entsprechend den zwei Deutungsmöglichkeiten des Vitalismus, rekonstruieren: Nach der konkreten Interpretation ist der Vitalismus als eine *empirisch unfundierte* quasi-mythologische Theorie abzulehnen. Nach der abstrakten Deutung ist er nicht aus empirischen, sondern *aus logischen Gründen* zu verwerfen. Es handelt sich nicht um eine falsifizierte, sondern um eine indiskutable, weil gehaltleere Theorie, sozusagen um eine „Theorie ohne Theorie“, da geeignete Gesetzesannahmen fehlen.

Wenn sich vitalistische Zweckvorstellungen dennoch praktisch als fruchtbar erwiesen, so liegt dies in deren psychologisch-heuristischem Effekt: in der dadurch ausgelösten Suche nach neuen Erkenntnissen. Die Befriedigung, welche Philosophen seit Aristoteles bei dieser Art von teleologischen Erklärungen empfunden haben, dürfte dagegen auf deren *anthropomorphen* Zügen beruhen. Wir meinen, das organische Geschehen zu „verstehen", wenn wir es in einer Sprache beschreiben, die uns von der Schilderung unseres eigenen zweckhaften Verhaltens her vertraut ist. Das Vorliegen eines solchen Vertrautheitsgefühls ist aber kein Anzeichen dafür, daß eine korrekte wissenschaftliche Erklärung im logisch-systematischen Sinn vorliegt[20].

Moderne Funktionalisten werden mit Nachdruck betonen, daß die von ihnen vertretene Auffassung keineswegs mit den Mängeln der vitalistischen Theorie behaftet sei und daß es sich bei der Funktionalanalyse um eine originäre und korrekte Form wissenschaftlicher Systematisierung handle. Um diese Behauptung überprüfen zu können, müssen wir versuchen, die logische Struktur funktionalistischer Argumente freizulegen. Wir beginnen mit einer ungefähren inhaltlichen Skizze und verschieben die präzisere Analyse auf später.

Gegeben seien gewisse Dingsysteme (kurz: Systeme), etwa individuelle Organismen oder Species von solchen, menschliche Gruppen, wie z. B. soziale, politische, kulturelle oder wirtschaftliche Gebilde. Es wird hier nicht versucht, den Begriff des Systems zu definieren; die angeführten Beispiele sollen zur Erläuterung genügen. Tatsächlich verwenden wir diesen Ausdruck nur, um das Folgende kürzer darstellen zu können. Was in der Funktionalanalyse getan wird, ist dies: Man versucht, das Vorhandensein von Systemteilen oder das Vorkommen bestimmter Merkmale an einem solchen System (bzw. einem Teil von ihm) oder bestimmte Verhaltensweisen eines derartigen Gebildes (bzw. eines Gebildeteiles) dadurch verständlich zu machen, daß man die *Aufgaben* oder *Funktionen* dieser Gegenstände, Merkmale oder Verhaltensweisen für ein adäquates Funktionieren des Systems schildert. Soweit es sich nicht um die oben erwähnten beschreibenden Hinweise handelt, scheinen diese Analysen zumindest als Erklärungen *intendiert* zu sein, da man sie als Antworten auf Erklärung heischende Warum-Fragen auffassen muß. Einige biologische Beispiele sollen dies verdeutlichen:

(a) *Vorhandensein von Systemteilen.* Auf die Frage: „warum kommen im menschlichen Blut Leukozyten vor?" wird die Antwort gegeben: „die Funktion der Leukozyten besteht darin, den menschlichen Organismus

---

[20] Vgl. dazu auch die Ausführungen von Hempel-Oppenheim; abgedruckt in C. G. Hempel, [Aspects], S. 256ff.

gegen eindringende Mikroorganismen zu schützen". Statt das Wort „Funktion" zu verwenden, könnte hier (und ähnlich in den folgenden Beispielen) eine einfache Um-zu-Antwort gegeben werden: „um den menschlichen Organismus gegen eindringende Mikroorganismen zu schützen". Das System ist hier der menschliche Gesamtorganismus; die Leukozyten bilden die Systemteile. Die zu erfüllende Aufgabe ist das gesunde Weiterbestehen des Gesamtorganismus.

(b) *Merkmale von Systemen.* Frage: „warum haben die Schmetterlinge dieser Species auf der Oberseite ihrer Flügel ein Farbmuster, das an Raubtieraugen erinnert?". Antwort: „dieses Muster hat die Funktion, die Schmetterlingsart mittels Abschreckung gegen feindliche Vögel zu schützen". Das System ist die Schmetterlingspecies. Das Vorkommen des Merkmals wird erklärt durch dessen Funktion bei der Erhaltung der Species.

(c) *Tätigkeitsweisen (von Systemteilen).* Zum Zwecke der Abkürzung bezeichnen wir die normale Tätigkeit des Herzens mit „Herzschlag". Frage: „Warum schlägt in Wirbeltieren das Herz?" Antwort: „der Herzschlag hat die Funktion (die Aufgabe), das Blut im Organismus zirkulieren zu lassen". Die Systeme sind individuelle Organismen einer bestimmten Art. Für die normale Tätigkeit des Systemteils Herz wird eine funktionelle Erklärung geliefert.

Wie diese pragmatische Schilderung eines Frage- und Antwortspieles zeigt, wünscht der Fragende, auf sein „warum?" eine Erklärung zu erhalten. Diese Erklärung glaubt der Befragte zu geben. Die Formulierungen haben einen stark teleologischen Anstrich. Gerade deshalb sind heute Funktionalanalysen von dieser Art aus biologischen Kontexten verschwunden oder treten dort zumindest nicht mehr mit Erklärungsanspruch auf. Vielmehr werden sie bloß als beschreibende Feststellungen von der bereits geschilderten Art oder als heuristische Verfahren benützt. Biologische Forschungen haben häufig durch teleologische Fragestellungen, durch ein Interesse an den „Zwecken der Natur", vorzügliche Anregungen erhalten und wurden dadurch zu bedeutsamen Ergebnissen geführt. Diese Resultate selbst wurden jedoch in einer nichtteleologischen Sprache formuliert. Funktionalanalysen mit Erklärungsanspruch finden wir demgegenüber auch heute noch häufig in soziologischen, anthropologischen und psychologischen Schriften. Zunächst ist der Verdacht durchaus berechtigt, daß es sich hierbei um eine verkappte Teleologie von der Art handelt, wie wir sie in vitalistischen Theorien antreffen. Dieser Verdacht ist gelegentlich auch als Behauptung ausgesprochen worden[21].

4.b Vorbereitende Betrachtungen zur logischen Struktur erklärender Funktionalanalysen. Unsere erste Frage ist somit eine *semantische*: Was ist der *Sinn* von Aussagen, wie den oben angeführten Antworten auf Erklärung heischende Fragen? Der eben geäußerte Verdacht läßt sich nur dann

[21] So z. B. von Goldstein in seiner Abhandlung [Malinowski].

entkräften, wenn auf Grund einer Analyse dieser Aussagen gezeigt werden kann, daß sie übersetzbar sind in andere, die von allen teleologischen Assoziationen frei sind. Da dieses Problem unabhängig davon besteht, in welchen Kontexten Funktionalanalysen auftreten, also z. B. im Rahmen biologischer oder soziologischer Untersuchungen, steht es in unserem Belieben, an eines der obigen Beispiele anzuknüpfen. Die Betrachtungen dieses und der folgenden Abschnitte werden sich weitgehend auf die Untersuchungen C. G. HEMPELs in [Functional Analysis] stützen.

Die Antwort auf die Frage (c) lautete:

(1) Der Herzschlag hat in Wirbeltieren *die Funktion*, das Blut im Organismus zirkulieren zu lassen.

Prima facie könnte man geneigt sein, hinter einer solchen Aussage nichts weiter zu vermuten als ein einfaches Kausalgesetz, das in der alltäglichen Ursache-Wirkungs-Sprache etwa so formuliert werden könnte:

(2) Der Herzschlag hat in Wirbeltieren *den Effekt*, das Blut im Organismus zirkulieren zu lassen.

Streng genommen muß die Aussage (2) ihrerseits als elliptische Formulierung eines kausalen Gesetzes gedeutet werden, in dessen genauerer Fassung der Ausdruck „Effekt" ebenfalls nicht mehr vorkommt, also etwa „wenn immer das Herz in Wirbeltieren schlägt (d. h. normal funktioniert), so zirkuliert das Blut". Für das Folgende genügt es, an die einfachere Fassung (2) anzuknüpfen.

Daß eine Übersetzung von (1) in (2) nicht adäquat sein kann, zeigt HEMPEL durch das folgende Gegenbeispiel. Wir nennen die durch den Herzschlag hervorgerufenen akustischen Phänomene „Herztöne". Dann gilt zwar die Aussage:

(3) Der Herzschlag hat in Wirbeltieren den Effekt, Herztöne hervorzurufen.

Dagegen würde ein Vertreter der Funktionalanalyse sicherlich die folgende Aussage verwerfen:

(4) Der Herzschlag hat in Wirbeltieren die Funktion, Herztöne hervorzurufen.

Diese Verwerfung würde er mit dem Hinweis darauf begünden, daß im Gegensatz zur Blutzirkulation Herztöne ohne Bedeutung für das normale Funktionieren des Organismus seien. Wenn jedoch (1) und (2) denselben Sinn haben sollen, so müßte dies darauf beruhen, daß die Wendung „hat die Funktion" mit der Wendung „hat den Effekt" logisch gleichwertig ist und daher die eine *generell* durch die andere vertauscht werden kann, ohne am

Sinn des Satzes etwas zu ändern. Dann müßten auch (3) und (4) denselben Sinn haben; es könnte also nicht (3) wahr und (4) falsch sein. Die oben vorgeschlagene Übersetzung von Aussagen, die in der Sprache der Funktionalanalyse formuliert sind, in Sätze der Kausalsprache ist also inadäquat. Die Übersetzungsregel ist zu primitiv.

Trotzdem braucht man den ersten Übersetzungsvorschlag nicht ganz zu verwerfen. Sein Mangel besteht in einer bestimmten Art von Unvollständigkeit. Dies ersieht man daraus, wie ein Funktionalist (1) verteidigt, obwohl er (4) bei gleichzeitiger Anerkennung der Wahrheit von (2) und (3) verwirft. Er wird auf eine Reihe von wichtigen Funktionen der Blutzirkulation aufmerksam machen, wie z. B. die Nahrungsbeförderung zu den einzelnen Zellen des Organismus und die Entfernung von Schlacken aus diesen Zellen. Bei diesen Vorgängen handelt es sich um *notwendige* Bedingungen dafür, den Organismus am Leben zu erhalten. Für die Herztöne sind keine entsprechenden Funktionen angebbar. Das legt den Gedanken nahe, statt (2) die folgende komplexere Aussage als korrekte Übersetzung von (1) in eine nichtteleologische Ausdrucksweise zu wählen:

(2*) Der Herzschlag hat in Wirbeltieren den Effekt, das Blut im Organismus zirkulieren zu lassen. Und dieser Effekt gewährleistet seinerseits die Erfüllung gewisser Bedingungen (wie die Zufuhr von Nahrung zu und die Entfernung von Schlacken aus den Körperzellen), die für das adäquate (normale) Funktionieren des Organismus notwendig sind.

Wenn wir für den Augenblick diese Antwort als befriedigend akzeptieren, so können wir daraus die folgende schematische Charakterisierung der Funktionalanalyse abstrahieren: Den Gegenstand der Analyse bildet das Auftreten eines relativ dauerhaften Merkmales, einer permanenten Tätigkeit oder einer Disposition D (wie z. B. der Herzschlag) an einem System S (z. B. im Körper eines Wirbeltieres). Die Analyse zielt darauf ab, zu zeigen, daß S sich in einem inneren Zustand Z_i sowie unter äußeren Bedingungen Z_u befindet, die so geartet sind, daß unter diesen Bedingungen $Z = Z_i + Z_u$ das Merkmal D Wirkungen hat, die gewisse „Aufgaben", „Bedürfnisse" oder „funktionelle Erfordernisse" von S erfüllen. Bezeichnen wir diese Wirkungen summarisch mit N, so kann das letztere auch so ausgedrückt werden: D hat als Effekt eine Bedingung N, die für das adäquate oder normale Funktionieren von S notwendig ist.

Zweierlei ist hier sofort hervorzuheben: Erstens muß der Begriff der inneren Zustände so eng gefaßt sein, daß er das zu erklärende Dispositionsmerkmal D noch nicht einschließt. Zweitens darf nicht übersehen werden, in welcher Richtung die angedeutete kausale Relation verläuft: Das zu erklärende Merkmal D muß die erwähnte notwendige Bedingung N als Wirkung haben.

Ein erklärendes Argument muß unter seinen Prämissen Gesetzmäßigkeiten enthalten. Legen wir die eben gegebene schematische Skizze zugrunde, so sehen wir, daß diese Bedingung jedenfalls erfüllt ist. An zwei Stellen kommen hier Gesetzmäßigkeiten ins Spiel: Sowohl die generelle Aussage, daß Merkmale von der Art D unter Bedingungen von der Art Z Wirkungen von der Art N haben, stellt eine Gesetzesbehauptung dar, wie die Aussage, daß N ein funktionelles Erfordernis für das normale Arbeiten von S bildet. Das letztere läuft ja auf eine Aussage von der Gestalt hinaus: „wenn eine Bedingung von der Art N nicht vorliegt, so befindet sich ein System von der Art S nicht im Zustand normalen Funktionierens".

Aus dem gegebenen Beispiel und der sich daran knüpfenden schematischen Skizze läßt sich entnehmen, wo die Schwierigkeiten der Funktionalanalyse liegen:

(a) Soweit nicht einfach eine Schilderung von der Art des Satzes (2*) gegeben wird — eine Schilderung, die, wie wir soeben feststellten, Gesetzeshypothesen enthält —, sondern mit dieser Schilderung außerdem der Anspruch verknüpft wird, *eine Erklärung für D* zu liefern, stoßen wir auf eine *logische* Schwierigkeit. Die Behebung dieser Schwierigkeit wird die Aufgabe des übernächsten Unterabschnittes sein.

(b) In allen Funktionalanalysen ist vom „adäquaten" oder „normalen Funktionieren", vom „richtigen Arbeiten" eines Systems, bisweilen auch nur allgemeiner vom „Überleben" u. dgl., die Rede. Um Äußerungen, in denen solche Ausdrücke vorkommen, einen klaren Sinn zu verleihen, müssen präzise Kriterien für Normalität, ein *Normalitätsstandard*, angegeben werden. Dies wird häufig entweder ganz unterlassen oder es werden nur mehr oder weniger vage Charakterisierungen geliefert. Daß es auf der anderen Seite nicht möglich ist, auf diese Begriffe ganz zu verzichten, ergibt sich daraus, daß nach der innerhalb der Analyse gegebenen Deutung die Funktion des Merkmals D in dessen kausaler Relevanz zur Erfüllung gewisser notwendiger Bedingungen für das Überleben oder das adäquate Funktionieren des Systems besteht.

(c) Setzen wir voraus, daß solche Kriterien entwickelt wurden. Dann entsteht ein neues Problem, wenn eine Funktionalanalyse nicht bloß für Erklärungszwecke, sondern als *prognostisches* Argument verwendet werden soll. Die Annahme, daß das System auch zu dem fraglichen *künftigen* Zeitpunkt adäquat funktionieren wird, findet innerhalb dieses Argumentes keine Begründung, sondern muß darin *vorausgesetzt* werden. Hempel drückt diesen Sachverhalt so aus, daß er sagt, in die Funktionalanalyse gehe bei Verwendung für Voraussagezwecke *eine Hypothese über die Selbstregulation des Systems* ein.

(d) Im abstrakten Schema wurde ausdrücklich auf die inneren und äußeren Bedingungen Bezug genommen, die realisiert sein müssen, damit die dispositionelle Eigenschaft D die funktionellen Erfordernisse N herbeiführt. In konkreten Analysen werden diese Bedingungen häufig nur sehr unvollständig angegeben oder überhaupt nicht erwähnt. Im obigen Beispiel sind sie z. B. unterdrückt worden, wie aus der Formulierung (2*) ersichtlich ist. Selbst wenn wir annehmen wollten, daß die darin vorkommenden Begriffe alle präzisiert worden sind, wäre (2*) noch immer eine sehr ungenaue, nämlich *elliptische* Behauptung. Die Herztätigkeit kann ja keinesfalls *unter allen Umständen* die ihr zugeschriebenen Funktionen erfüllen, sondern nur dann, wenn sowohl die Umgebung wie der Organismus zahlreiche Bedingungen erfüllen: in der umgebenden Luft muß hinreichend viel Sauerstoff vorhanden sein; es dürfen darin keine Giftgase vorkommen; für die Beförderung des Sauerstoffs müssen sich die Lungen des Körpers in gesundem Zustand befinden; damit das Blut die Abfallprodukte entfernen kann, müssen u. a. auch die Nieren in Ordnung sein usw. All dies hätte also eigentlich angegeben werden müssen. Die Motive für die Nichterwähnung zerfallen in dieselben beiden Klassen, wie in den Fällen alltäglicher und historischer Erklärungen, wo ebenfalls sowohl Antecedensbedingungen wie Gesetze meist nur sehr unvollständig angeführt werden: Bisweilen *setzt man als selbstverständlich voraus, daß diese Bedingungen alle realisiert sind:* also etwa daß der Organismus sich in einer „Normalsituation" befindet, in welcher alle eben angeführten Sachverhalte bestehen. Oft aber, und dies ist der entscheidendere Umstand, hat es seinen Grund darin, *daß uns das relevante Wissen fehlt.* So etwa müßte man im Herzbeispiel die Zustände des Organismus sowie seiner Umgebung durch Werte von Zustandsvariablen charakterisieren können; außerdem müßte genau angebbar sein, innerhalb welchen Spielraums dieser Werte das Herz die angegebene Funktion erfüllt. Eine solche Theorie ist heute nicht verfügbar. Die Auslassungen in diesem Beispiel gehören somit zur zweiten Klasse von Fällen: sie haben ihre Wurzel nicht in selbstverständlichen Annahmen, sondern in unserer Unwissenheit.

4.c Einige Beispiele von Funktionalanalysen mit Erklärungsanspruch aus dem Gebiet der Soziologie, Anthropologie und Psychologie. Hempel hat eine Reihe von Beispielen für Funktionalanalysen aus verschiedenen Wissenschaften vom menschlichen Verhalten zusammengetragen, von denen hier einige angeführt seien. Diese Beispiele erfüllen einen doppelten Zweck: sie sollen konkrete Veranschaulichungen für das abstrakte Schema aus nichtbiologischen Bereichen geben; und sie sollen die Behauptung bekräftigen, daß in diesen Disziplinen Funktionalanalysen häufig als erklärende Argumente intendiert sind.

Nach R. K. Merton[22] ist in der Anthropologie und Soziologie Gegenstand der Funktionalanalyse stets ein wiederholbares und standardisiertes Merkmal, wie z. B. Institutionen, sich wiederholende soziale Prozesse,

[22] [Social Theory], insbesondere S. 50ff.

soziale Normen u. dgl. Die Funktion des Merkmales bestehe in seinem stabilisierenden Effekt oder Anpassungseffekt. Wenn dieser Effekt von den Gliedern des Systems intendiert ist, so spricht MERTON von *manifesten* Funktionen. Wird er von ihnen dagegen nicht bewußt gesucht, so werden sie *latente* Funktionen genannt. Die Regentänze und anderen Zeremonien der Hopi, die dazu dienen sollen, Regenfälle herbeizuführen, verfehlen ihre manifeste Funktion: die Herbeiführung von Regen. Gäbe es nur solche manifeste Funktionen, so könnte man durch Bezugnahme auf sie bestenfalls kausal-psychologische Erklärungen für dieses irrationale und abergläubische Verhalten zu geben versuchen. Der Funktionalanalytiker aber richtet sein Augenmerk darüber hinaus auf die *latenten* Funktionen. Diese bestehen im vorliegenden Fall darin, das Bewußtsein der Zusammengehörigkeit und die Gruppenidentität dadurch zu stärken, daß weit verstreut wohnende Glieder einer Gruppe sich bei periodisch wiederkehrender Gelegenheit versammeln und eine gemeinsame Tätigkeit verrichten[23]. Mit dem Übergang des Forschungsinteresses von den manifesten zu den latenten Funktionen vollzieht sich zugleich der Übergang von der kausalen Erklärung zur Funktionalanalyse.

In analoger Weise darf man nach A. R. RADCLIFFE-BROWN[24] bei der Untersuchung der Totembräuche australischer Eingeborenenstämme nicht nur deren vorgebliche, d. h. bewußt verfolgte Zwecke betrachten und dafür eine psychologische Erklärung geben. Es komme darauf an, ihre „Bedeutung" („meaning") und ihre soziale Funktion zu entdecken. Diese Funktion besteht nach RADCLIFFE-BROWN darin, daß durch die Totembräuche gewisse kosmologische Vorstellungen lebendig gehalten werden. Die gemeinsamen kosmologischen Ideen wiederum sind eine Bedingung dafür, daß ein solcher Stamm in seiner Struktur erhalten bleibt.

Funktionelle Betrachtungsweisen findet man auch häufig in der Psychoanalyse. Ein klares Beispiel dafür bildet etwa S. FREUDs *Theorie der Symptombildung*, die in seiner Arbeit „Hemmung, Symptom und Angst" zu finden ist[25]. Der Ausdruck „Symptom" wird dabei in dem medizinischen Sinn des Anzeichens für einen krankhaften Zustand verwendet. Nach FREUD besteht ein enger Zusammenhang zwischen Symptombildung und der Entwicklung von Angstzuständen. Wenn man etwa einen Zwangsneurotiker daran hindert, sich nach einer Berührung die Hände zu waschen, so wird er von einer fast unerträglichen Angst heimgesucht. Ein Agoraphobe bleibt ruhig, solange er auf der Straße begleitet wird; überläßt man ihn plötzlich sich selbst, so produziert er einen Angstanfall. Auf der Grundlage solcher und anderer Beispiele neigt FREUD einer Theorie zu, wonach die Angst nicht bloß ein Sympton der Neurose, sondern das Grundphänomen der Neurose ist. Nach

---

[23] MERTON, a. a. O. S. 64f.

[24] [Primitive Society], S. 144f.

[25] S. FREUD, [Werke], Bd. XIV, S. 111—205.

dieser Theorie würde alle Symptombildung nur unternommen werden, um der Angst zu entgehen; „die Symptome binden die psychische Energie, die sonst als Angst abgeführt würde ..."[26]. In den beiden Beispielen des Zwangsneurotikers und des Agoraphoben hatten die Forderung des Begleitetwerdens bzw. die Zwangshandlung des Waschens „die Absicht und auch den Erfolg, solche Angstausbrüche zu verhüten".[26] Wie diese letzte Formulierung zeigt, ist die Ausdrucksweise eine extrem teleologische. Es hat fast den Anschein, als ob die fraglichen Phänomene unter das Schema des bewußten zielgerichteten Handelns subsumiert werden sollten.

Tatsächlich jedoch läßt sich die obige schematische Charakterisierung der Funktionalanalyse auf alle diese Fälle anwenden: *S* ist in den anthropologischen Fällen die soziale Gruppe, im psychoanalytischen Beispiel das jeweilige Individuum, an dem sich krankhafte Symptome herausbilden. *D* ist die Verhaltensweise, die das Objekt der Analyse bildet: die Regentänze der Hopi; die Totembräuche der australischen Stämme; das zwangsneurotische bzw. agoraphobische Verhaltensmuster. *N* ist das, was durch diese Verhaltensweise hervorgerufen wird: das Bewußtsein der Zusammengehörigkeit unter den Gliedern der Gruppe; das Lebendighalten von gemeinsamen kosmologischen Ideen; die Bindung der Angst. Die Bedingung *N* wird als notwendig erachtet für ein normales Funktionieren von *S*: für das Weiterbestehen jener Stämme mit einem bestimmten Mindestmaß an Organisation und staatlicher Ordnung; im psychoanalytischen Fall für ein erträgliches Weiterleben des Individuums ohne schwerste seelische Krisen.

Als letztes Beispiel möge eine Auffassung von B. Malinowski über *Religion* und *Magie* in primitiven Gesellschaften angeführt werden. Der Gedanke ist nicht neu; ähnliche Ideen wurden von früheren Forschern, Philosophen wie Einzelwissenschaftlern, ausgesprochen. Nur die Anwendung des Denkschemas der Funktionalanalyse tritt bei Malinowski deutlicher hervor als bei den meisten anderen Autoren. Auch bei ihm steht der Gedanke der latenten Funktionen im Vordergrund. Die Instinkte und Emotionen des primitiven Menschen sowie seine praktischen Verrichtungen führen diesen ständig in Sackgassen, aus denen seine stark begrenzten Fähigkeiten der Beobachtung und des Gebrauches der Vernunft keinen Ausweg finden. Der religiöse Glaube hilft dem Menschen in dieser Lage, indem er in ihm geistige Haltungen erzeugt, die von einem immensen „biologischen Wert" sind, wie Harmonie mit der Umgebung, Ehrfurcht vor der Tradition, Vertrauen in kritischen Situationen. Die Magie „fixiert" seinen Glauben und standardisiert ihn in dauerhaften Riten und Gebräuchen. Sie stellt somit dem Menschen „fertige rituelle Akte und Überzeugungen" zur Verfügung, verbunden mit einer „festen geistigen und praktischen Technik", welche ihm dazu verhelfen, die gefährlichen Abgründe in kritischen Situationen zu

[26] a. a. O. S. 175.

meistern. Sie ermöglicht es ihm, Haltung zu bewahren in Anfällen des Zornes und Hasses, im Erleben der unerwiderten Liebe, in Zuständen der Angst und Verzweiflung. „Die Funktion der Magie besteht darin, den Optimismus des Menschen zu ritualisieren, seinen Glauben an den Sieg der Hoffnung über die Furcht zu erhöhen"[27]. Es ist ohne Schwierigkeit zu ersehen, daß auch hier das obige Schema anwendbar ist.

Es braucht wohl nicht eigens betont zu werden, daß für unsere Zwecke die Frage der Richtigkeit der hier angewendeten theoretischen Konzeptionen irrelevant ist. Unser einziges Interesse gilt der *logischen Struktur* solcher Funktionalanalysen mit Erklärungsanspruch, nicht dagegen der *empirischen Haltbarkeit* der dabei verwendeten hypothetischen Annahmen.

4.d Funktionalanalysen als wissenschaftliche Systematisierungen. Die gegebenen Beispiele haben deutlich gemacht, daß darin stets versucht wurde, eine Erklärung zu geben. Auf der anderen Seite war in der früher gegebenen schematischen Charakterisierung vorläufig davon abstrahiert worden, daß eine Funktionalanalyse als Argument intendiert ist, durch die das Vorkommen eines bestimmten Merkmales D erklärt wird. Jedenfalls ist aus der dortigen Schilderung der erklärende Charakter einer derartigen Analyse nicht deutlich zu ersehen (vgl. die Ausführungen in *4.b* im Anschluß an (2*)). Versuchen wir nun, die Funktionalanalyse in die Gestalt einer wissenschaftlichen Systematisierung zu bringen. Wir erhalten dann das folgende von HEMPEL vorgeschlagene Schlußschema mit drei Prämissen, worin versucht wird, das Vorkommen eines Merkmals D an einem System S zu einer Zeit t zu erklären:

Prämissen: (a) Das System S funktioniert zur Zeit t in der Situation[28] von der Art $Z = Z_i + Z_u$ adäquat (normal);

(F_o) (b) Für einen beliebigen Zeitpunkt gilt: S funktioniert zu diesem Zeitpunkt nur dann adäquat (normal), wenn eine bestimmte notwendige Bedingung N erfüllt ist;

(c) Wann immer das System S das Merkmal D besitzt, dann ist auch die Bedingung N erfüllt[29].

Conclusio: (d) Das Merkmal D ist in S zur Zeit t anzutreffen.

---

[27] [Magic], S. 90.

[28] Wir sprechen von einer Situation, um das doppelte Vorkommen des Wortes „Bedingung" zu vermeiden; denn das in den folgenden Sätzen angeführte Merkmal N stellt eine notwendige Bedingung für das richtige Funktionieren von S dar.

[29] HEMPEL drückt die dritte Prämisse durch einen irrealen Konditionalsatz aus: „Falls das System S zur Zeit t das Merkmal D haben würde, so wäre auch die Bedingung N erfüllt". Um die gegenwärtige Diskussion nicht mit dem Problem der irrealen Konditionalsätze zu belasten, erscheint es als zweckmäßiger, diese Prämisse als Gesetzesaussage im Indikativ zu formulieren.

Setzen wir wieder voraus, daß bezüglich der in diesem Schema verwendeten Begriffe keine Schwierigkeiten auftreten. Dann müssen wir fragen: Stellt dieses Schema (F_0) mit den drei Prämissen (a)—(c) und der Conclusio (d) einen korrekten logischen Schluß dar? *Offenbar nicht.* Streng genommen handelt es sich vielmehr um einen logischen Fehlschluß, wie er auch in pragmatischen Situationen von folgender Art auftritt. *A*: „Hans ist ein Kommunist". *B*: „Woher weißt du das?". *A*: „Ganz einfach. Hans geht sonntags nie zur Kirche. Und wie bekannt ist, gehen Kommunisten niemals zur Kirche". Dies ist ein Schluß nach dem Schema: „alle *F* sind *G*; *x* ist ein *G*; also ist *x* ein *F*". Der logische Fehler besteht darin, vom Vorkommen eines Merkmales *G* auf eine für *G* hinreichende Bedingung *F* zu schließen, während in korrekter Weise nur auf eine notwendige Bedingung geschlossen werden könnte: Für *G* kann es ja noch zahlreiche andere hinreichende Bedingungen F_1, F_2 ... geben. Es sind ja nicht *nur* Kommunisten, die sonntags nicht zur Kirche gehen.

Auf unseren Fall übertragen: *Es ist ein logischer Fehler, aus dem „adäquaten Funktionieren" eines Systems einen Schluß auf eine für dieses adäquate Funktionieren hinreichende Bedingung zu ziehen.* Genauer gesprochen ist der Sachverhalt geringfügig komplizierter: Nach Voraussetzung (b) soll *N* eine notwendige Bedingung für das adäquate Funktionieren von *S* sein. In (c) wird eine generelle hinreichende Bedingung *D* für dieses *N* angegeben. (a) gewährleistet, daß ein adäquates Funktionieren vorliegt. Aus (a) und (b) kann man auf das Vorliegen von *N* schließen. Dagegen enthält der mittels der weiteren Prämisse (c) zu vollziehende Schluß auf das Vorliegen von *D* den eben hervorgehobenen logischen Fehler.

Es gibt prinzipiell zwei Möglichkeiten, den Fehler zu beheben: entweder *die Prämissen werden verstärkt* oder *die Conclusio*, also das Explanandum, *wird zu einer an Gehalt ärmeren Aussage abgeschwächt.*

Der erste Fall liegt vor, wenn in der Prämisse (c) das „wenn ... dann ———" zu einem „dann und nur dann wenn" oder „genau dann wenn" verschärft wird. Man müßte also wissen, daß *nur* die Verwirklichung von *D* die für das adäquate Funktionieren von *S* notwendige Bedingung *N* hervorruft. Wenn eine derartige Verschärfung möglich ist, so sprechen wir von der *funktionellen Unvermeidlichkeit* oder *Unentbehrlichkeit* von *D* für die Erfüllung von *N*. Das korrekte Argumentationsschema würde dann so lauten:

(F_0^*)

(a) [unverändert]

(b) [unverändert]

(c*) Das System *S* besitzt dann und nur dann das Merkmal *D*, wenn die Bedingung *N* erfüllt ist.

(d) [unverändert]

Der Schluß ist jetzt logisch korrekt. Mit dieser Art von Korrektur ist aber für die praktische Verwertung kaum etwas gewonnen. Denn in fast allen Fällen wird sich dieses verbesserte Schema (F_0*) *als unanwendbar* erweisen. Der Grund dafür liegt darin, daß die Behauptung der funktionellen Unvermeidlichkeit von D für N in den meisten Fällen falsch ist. Einige Anthropologen haben zwar in Anwendung auf konkrete Beispiele eine derartige These verfochten. So behauptete z. B. MALINOWSKI[30], daß die Magie *eine unersetzliche kulturelle Funktion* ausübe. Sie erfülle ein Bedürfnis („need"), welches durch keinen anderen Faktor in der primitiven Zivilisation erfüllt werden könne. Ohne diese Magie hätte der primitive Mensch eine Fülle von praktischen Schwierigkeiten nicht meistern können, die er tatsächlich gemeistert hat, und hätte somit auch nicht auf eine höhere Kulturstufe gelangen können.

Sieht man sich die konkreten Beispiele an, so zeigt sich, daß diese These von der funktionellen Unersetzlichkeit höchst anfechtbar ist. In fast jedem Fall kann man sich zu dem angegebenen dispositionellen Merkmal D *Alternativen* vorstellen, die ebenfalls die für das normale Funktionieren von S notwendige Bedingung N hervorrufen würden. Um nur eines der früheren Beispiele anzuführen: Regentänze stellen nicht die einzige Möglichkeit dar, um das Gruppenbewußtsein der sehr verstreut wohnenden Hopi-Indianer zu stärken und diese soziale Gemeinschaft vor dem Zerfall zu bewahren. Andersartige periodisch wiederkehrende Zeremonien, religiöse Rituale, Hochzeitsbräuche etc. könnten dieselbe „latente Funktion" erfüllen. Auch in dem von MALINOWSKI angeführten Beispiel kann man sich kaum vorstellen, wie man die *Einsicht* gewinnen sollte, daß *nur* die Magie dem Menschen einer Primitivkultur die Überwindung der von MALINOWSKI geschilderten Schwierigkeiten ermögliche.

Viele Soziologen und Anthropologen akzeptieren denn auch diese Kritik und räumen ein, daß es zu fast allen Merkmalen einer Kultur *funktionelle Äquivalente* (bzw. *funktionelle Alternativen* oder *funktionelle Substitute*, wie sie auch genannt werden) gibt[31]. Wie HEMPEL hervorhebt, läuft dieses Zugeständnis auf etwas Analoges hinaus, wie das, was in der Evolutionstheorie als *Prinzip der mehrfachen Lösung* von Anpassungsproblemen bezeichnet worden ist. Es gibt zu solchen Problemen verschiedenartige Lösungen, was anschaulich daran erkennbar ist, daß bei verschiedenen Species von Organismen häufig andersartige „Lösungen" feststellbar sind.

Die Brauchbarkeit des Erklärungschemas (F_0*) hängt somit davon ab, wie häufig die Bedingung der funktionellen Unersetzlichkeit erfüllt ist. Liegt eine solche Unersetzlichkeit meist nicht vor — was anzunehmen als sinnvoll erscheint —, so kann auch (F_0*) fast nie angewendet werden. Aber selbst dann, wenn man nur das schwächere Zugeständnis macht — was

[30] [Anthropology], S. 136.
[31] Vgl. MERTON, [Social Theory], S. 33f.

sicherlich auch MALINOWSKI gemacht hätte —, daß eine solche Unersetzlichkeit *nicht immer* besteht, muß man noch die andersartige Korrekturmöglichkeit des fehlerhaften Schemas (F_0) heranziehen, die statt in der Verschärfung des Prämisse (c) in der Abschwächung der Conclusio besteht.

Dies ist denn auch das weitaus naheliegendere und plausiblere Vorgehen. Es sei J die Klasse *aller* voneinander verschiedenen Merkmale D, D', D'',..., die so beschaffen sind, daß sie am System S auftreten können und daß die Verwirklichung auch nur eines von ihnen empirisch hinreichend ist für die Erfüllung der Bedingung N, sofern sich das System in der Situation Z befindet. J ist also die Klasse der funktionellen Alternativen von D. (Man beachte, daß die Klasse J eine *erschöpfende* Aufzählung der möglichen hinreichenden Bedingungen von N enthält; außerdem werde vorausgesetzt, daß J nicht leer ist.) Unter Verwendung dieser Klasse wird das Argument (F_0) durch das folgende ersetzt:

(a) [unverändert]

(b) [unverändert]

(F_1) (c_1) Die Bedingung N ist am System S zur Zeit t genau dann erfüllt, wenn in S zur Zeit t eines der Merkmale aus J realisiert ist.

(d_1) Eines der Merkmale aus J ist in S zur Zeit t verwirklicht.

Dies ist zum Unterschied von (F_0) ein logisch korrektes Argument, das außerdem gegenüber (F_0*) für die Anwendbarkeit nicht mehr auf einer höchst anfechtbaren Hypothese von der funktionellen Unersetzlichkeit (kultureller oder sonstiger) Merkmale basiert. Der Nachteil, den man dafür in Kauf nehmen muß, ist *eine starke Reduktion des Erklärungswertes*. Was erklärt wird, ist nicht mehr das Vorkommen des ganz bestimmten Merkmales D in S zur Zeit t, sondern nur das Vorkommen von D *oder einer funktionellen Alternative von* D.

Um die Aufmerksamkeit nicht von dem entscheidenden Punkt abzulenken, wurden die in den angeführten Argumentationen benützten Gesetzeshypothesen als deterministisch vorausgesetzt. So wie im allgemeinen Erklärungsfall könnte man bei Funktionalanalysen neben einem deterministischen einen statistischen Typus unterscheiden. Wenn auch nur eines der als Prämissen verwendeten Gesetze bloß eine statistische Regelmäßigkeit darstellt, so liegt weder in dem zu (F_0^*) noch in dem zu (F_1) analogen Fall ein deduktiver Schluß vor, sondern bloß ein *induktives* Argument. Eine nochmalige Abschwächung wäre die Folge: Die Conclusio (d_1) des Schemas (F_1) z. B. würde nicht nur eine inhaltlich schwächere Aussage darstellen als die ursprüngliche Conclusio (d); sie würde außerdem selbst im Fall der Wahrheit sämtlicher Prämissen nicht mit Sicherheit, sondern nur mit einer gewissen induktiven Wahrscheinlichkeit gelten. Zu einer derartigen Abschwächung käme es z. B., wenn an die Stelle von (b) die Aussage träte, daß bei adäquatem Funktionieren von S die Bedingung N mit großer Wahrscheinlichkeit erfüllt sei, N also nur eine „probabilistisch notwendige" Bedingung für S darstelle. Ein anderer Fall wäre der, daß an die Stelle von (c_1) die Aussage treten würde, daß N mit großer Wahrscheinlichkeit genau dann an S realisiert sei, wenn auch eines der Merkmale aus J für S zuträfe.

Anmerkung. Auf die Gefahr einer Konfusion ist hier noch aufmerksam zu machen. Wir gelangten zu dem Ergebnis, daß bei Nichtvorliegen einer funktionellen Unersetzlichkeit nicht auf die Existenz des bestimmten D, sondern nur auf die von D oder einer funktionellen Alternative von D geschlossen werden kann. Es wäre kein brauchbarer Einwand, wollte man darauf hinweisen, daß ja zusätzlich eine kausale oder induktiv-statistische Erklärung dafür vorliegen könne, warum gerade dieses bestimmte Merkmal D aus der Klasse J realisiert sei. Eine solche Erklärung ist selbstverständlich prinzipiell immer möglich. Sie würde aber keine Ergänzung bzw. Verbesserung des funktionalistischen Erklärungsschemas darstellen, sondern dieses gänzlich *überflüssig machen*: Wenn ich ein anderweitiges Argument zur Verfügung habe, welches das Vorkommen von D in S zur Zeit t erklärt, so benötige ich keine Funktionalanalyse, die nur zu der viel schwächeren Behauptung (d_1) führt.

4.e Empirischer Gehalt und prognostische Verwendbarkeit von Funktionalanalysen. Bisher haben wir nur die Frage der *formallogischen Korrektheit* von Funktionalanalysen diskutiert. Es müssen noch verschiedene in den Argumenten vorkommende Begriffe im Hinblick auf die Frage ihrer *empirischen Signifikanz* unter die Lupe genommen werden. Dabei scheint es sich nicht um *prinzipielle* Probleme zu handeln. Grundsätzlich können alle in einem Argument von der Art (F_o^*) oder (F_1) verwendeten Begriffe erfahrungswissenschaftlich einwandfrei sein. In konkreten Anwendungen werden jedoch häufig selbst die liberalsten Prinzipien für empirische Zulässigkeit verletzt. Es geht uns hier nur darum, diese potentiellen Gefahrenquellen aufzuzeigen:

(1) Aus einer vorgeschlagenen Funktionalanalyse müßte ihr *Anwendungsbereich* klar hervorgehen. Da den Gegenstand dieser Analyse gewöhnlich nicht ein konkretes Einzelindividuum (z. B. ein *bestimmter* Organismus oder eine *bestimmte* soziale Gruppe) bildet, sondern eine ganze *Klasse* von Systemen, muß diese Klasse *hinreichend scharf umgrenzt* werden. In dieser Hinsicht waren die obigen Formulierungen nicht genau. Wir sprachen von *dem System S*. In den meisten Anwendungen der Schemata (F_o^*) sowie (F_1) ist „S" jedoch nicht als Bezeichnung eines individuellen Systems, sondern als ein Prädikat (eine Klassenbezeichnung) für System*arten* zu deuten. Im biologischen Fall ist diese Abgrenzungsbedingung häufig erfüllt. Im eingangs gegebenen Beispiel war die Systemart die Klasse der Wirbeltiere. Was

ein Wirbeltier ist, kann auf Grund biologischer Kriterien mit praktisch hinreichender Sicherheit entschieden werden. Anders steht es mit den Beispielen aus der Soziologie und Anthropologie. Hier wird die Art von Systemen, auf welche sich die Analyse bezieht, meist nur vage charakterisiert — häufig zu vage, um die aufgestellten Behauptungen einem empirischen Test unterwerfen zu können. Die Prämissen des Argumentes enthalten ja generelle Hypothesen über diese Systemarten und müssen daher empirisch überprüfbar sein. Ist die Systemart nur sehr undeutlich umschrieben, so besteht die Gefahr, daß bei Vorliegen falsifizierender Einzelfälle der Theoretiker mit der Bemerkung reagiert, daß solche Fälle ja gar nicht gemeint waren. Die ursprünglich von ihm *als empirische Tatsachenbehauptung intendierte* Hypothese würde auf diese Weise in eine *Tautologie* verwandelt.

Die scharfe Umgrenzung des Anwendungsbereiches ist noch aus einem speziellen Grund von besonderer Wichtigkeit. *Je nachdem, ob eine engere oder eine weitere Klasse von Fällen gewählt wird, kann nämlich die These von der funktionellen Unvermeidlichkeit gültig oder ungültig sein.* Wie wir gesehen haben, hängt aber der Aussagegehalt einer Funktionalanalyse entscheidend von dieser Gültigkeitsfrage ab; denn bei Nichtgültigkeit steht uns nur mehr das schwächere Schema (F_1) zur Verfügung. Der Sachverhalt sei an einem von E. NAGEL gegebenen Beispiel erläutert[32]. Es handelt sich um die biologische Behauptung: „Die Funktion des Chlorophylls in Pflanzen besteht darin, die Photosynthese durchzuführen“. Der Prozeß der Photosynthese besteht in der Erzeugung von Stärke aus Kohlendioxyd und Wasser unter der Einwirkung des Sonnenlichtes. Kann diese scheinbar teleologische Begründung für die Anwesenheit von Chlorophyll in Pflanzen in ein empirisch fundiertes und logisch korrektes Argument verwandelt werden? Die Antwort scheint negativ ausfallen zu müssen.

Um dies zu zeigen, wenden wir zunächst die formalen begrifflichen Unterscheidungen der oben diskutierten Schlußschemata auf den vorliegenden Fall an: Die Systeme S, deren adäquates Funktionieren bzw. normales Weiterleben (wie Wachstum, Reproduktion etc.) vorausgesetzt wird, sind Pflanzen, also gewisse Arten von Organismen. Als notwendige Bedingung N für dieses Weiterleben wird das Vorhandensein von Stärke angeführt. Diese Behauptung möge unbestritten sein[33]. Der zu erklärende Sachverhalt, nämlich, daß die Systeme S das Merkmal D besitzen, ist das Vorkommen von Chlorophyll in Pflanzen. Für die Deutung der obigen Aussage gibt es nun zwei Möglichkeiten: Entweder es soll die Anwesenheit

---

[32] [Science], S. 403.

[33] Ohne Beeinträchtigung der folgenden Überlegungen könnte man hier als notwendige Bedingung den allgemeineren Sachverhalt der Stärkeproduktion *oder* der Produktion einer anderen für die Lebenserhaltung wesentlichen chemischen Substanz wählen.

von Chlorophyll damit erklärt werden, daß dieses Merkmal unter den angegebenen inneren und äußeren Bedingungen (Vorhandensein von Wasser und Kohlendioxyd sowie Vorliegen einer ausreichenden Sonnenbestrahlung) eine *hinreichende* Bedingung für die Stärkeproduktion bildet. Dann haben wir es mit einem Spezialfall des Argumentationsschemas (F_0) zu tun, von dem wir wissen, daß es unhaltbar ist. Diese Deutung würde also die versuchte Begründung in ein logisch inkorrektes Argument verwandeln. Oder aber es wird die schärfere Prämisse verwendet, daß die Anwesenheit von Chlorophyll eine *notwendige* Bedingung der Stärkeproduktion darstelle: „ohne das Vorhandensein von Chlorophyll produzieren Pflanzen unter den angegebenen inneren und äußeren Bedingungen keine Stärke". Das Argument, welches nunmehr einen Schluß gemäß (F_0^*) darstellt, ist jetzt zwar logisch korrekt; doch ist die neue verschärfte Prämisse empirisch anfechtbar. Die Verschärfung konnte nur dadurch erzielt werden, daß die funktionelle Unvermeidlichkeit des Chlorophylls für die Erzeugung von Stärke oder von anderen für das Weiterleben wesentlichen chemischen Substanzen behauptet wird. Gegen diese Behauptung der funktionellen Unvermeidlichkeit kann man einwenden, daß es ja durchaus denkmöglich sei, daß Pflanzen existierten, in denen keine Photosynthese stattfindet. Es ist nicht von vornherein auszuschließen, daß es zu diesem Chlorophyll benötigenden chemischen Prozeß funktionell äquivalente Vorgänge gibt. Die Tatsache, daß zahlreiche Arten von Organismen existieren, die ohne Chlorophyll auskommen, zeigt, daß diese anderen Möglichkeiten keine bloßen gedanklichen Spekulationen sind.

Bei dem Versuch, die funktionelle Erklärung des Chlorophylls in einer nichtteleologischen Sprechweise auszudrücken, scheinen wir also in eine mißliche Alternative hineinzugeraten: *das Argument wird entweder logisch inkorrekt oder es benützt eine empirisch unhaltbare Annahme*. Eine Möglichkeit, es in Ordnung zu bringen, bestünde in der Anwendung einer Argumentation nach Schema (F_1). Dies aber hätte wieder den schon erwähnten Nachteil, daß die Conclusio *wesentlich abgeschwächt* werden müßte und daß darin nicht mehr vom Chlorophyll die Rede wäre, sondern nur mehr von einer mehr oder weniger umfassenderen Klasse J, die neben Chlorophyll auch andere Elemente enthielte. Eine solche Abschwächung des Explanandums aber wird der Biologe nicht in Kauf nehmen wollen. Es ist für ihn ja gerade entscheidend, *über das Chlorophyll und dessen Funktionen zu sprechen*. Hier scheint es nur *einen* Ausweg zu geben: Der Anwendungsbereich der funktionellen Erklärung muß so stark eingeschränkt werden, daß die These von der funktionellen Unvermeidlichkeit des Chlorophylls, also die Behauptung, daß die Anwesenheit von Chlorophyll eine *notwendige* Bedingung der Stärkeproduktion und damit des Weiterlebens bildet, als empirisch begründet erscheint. Dies könnte z. B. in der Weise geschehen, daß in der funktionellen Erklärung nicht mehr von Pflanzen schlechthin die Rede ist, sondern nur mehr von einer genau anzugebenden engeren Klasse, etwa den *grünen Pflanzen*. Unter der Voraussetzung, daß sich ein solcher geeigneter engerer Begriff scharf umreißen läßt, könnte dann ein spezieller Fall des Argumentationsschemas (F_o^*) mit ausschließlich empirisch fundierten Annahmen benützt werden.

Sowohl die logische Struktur des intendierten Argumentes (Schema (F_o^*) oder (F_1)) wie der Aussagegehalt des Explanandums (Conclusio nach (F_o^*) oder nach (F_1)) können somit von der Umgrenzung des Anwendungsbereiches abhängen. Wie an unserem Beispiel offenkundig wird, besteht noch eine weitere Schwierigkeit: Der Begriff der grünen Pflanzen müßte natürlich ohne Bezugnahme auf die Anwesenheit von Chlorophyll definiert werden. Falls dies nicht gelingt, würde sich die ganze Erklärung in einen trivialen Fall einer tautologischen Erklärung verwandeln. Man hätte die Anwesenheit von Chlorophyll in Pflanzen erklärt, die per definitionem Chlorophyll enthalten. Die Conclusio wäre also bereits durch Abschwächung aus der ersten Prämisse zu gewinnen. Dies zeigt, daß der präzisen Rekonstruktion eines scheinbar teleologischen Argumentes von der Gestalt einer funktionellen Erklärung nicht weniger als drei Gefahren drohen: *logische Fehlerhaftigkeit* des Argumentationsschemas, *empirische Unhaltbarkeit* der Prämissenmenge oder *tautologischer Charakter* des Ableitungsverfahrens (und damit Verstoß gegen die Bedingung, daß sich eine wissenschaftliche Erklärung auf mindestens eine Gesetzesprämisse stützen muß). Nur dann, wenn es gelingt, alle diese Klippen zu umschiffen, kann die funktionelle Erklärung als wissenschaftlich brauchbar angesehen werden.

(2) In der Prämisse (a) der obigen Argumentationsschemata war von den inneren Bedingungen Z_i und den äußeren Bedingungen Z_u die Rede. Es wurde dort vorausgesetzt, daß diese Bedingungen genau festliegen. In der Regel wird es sich als erforderlich erweisen, diese Voraussetzung auflockern und stattdessen zu behaupten, daß Systeme von der Art S *innerhalb eines gewissen Spielraums* von inneren und äußeren Bedingungen die funktionellen Erfordernisse für ein adäquates Funktionieren erfüllen. Insbesondere bei der Verwendung des Schemas (F_o^*) oder (F_1) für *Voraussagezwecke* erscheint eine solche Auflockerung als unvermeidlich: Die genauen Bedingungen kann man nicht angeben; sie können sich außerdem innerhalb eines Spielraums ändern und am System werden trotzdem die notwendigen Voraussetzungen für „richtiges Funktionieren" erfüllt sein. Wir bezeichnen den Spielraum für die inneren Bedingungen mit I und den für die äußeren mit U. Die Prämisse (a) ist dann zu ersetzen durch die folgende:

(a') Das System S funktioniert zur Zeit t in der Situation von der Art $Z = Z_i + Z_u$ adäquat (normal), sofern $Z_i \in I$ und $Z_u \in U$ (Z_i und Z_u sind hier keine Konstanten, sondern Variable).

Der Funktionalanalytiker steht vor der Aufgabe, diese Spielräume *I* und *U* genau anzugeben. Auch in dieser Hinsicht bleiben die ausdrücklichen Formulierungen meist hinter dem Erforderlichen weit zurück.

(3) Noch wichtiger als die Angabe des Spielraums jener Situationen, in denen das System die seine funktionellen Erfordernisse erfüllenden Merkmale verwirklicht, ist die Präzisierung der in jeder Funktionanalyse vorkommenden zentralen Begriffe. Der eben verwendete Ausdruck „*funktionelles Erfordernis*" (oder „*funktionelles Bedürfnis*") ist einer davon. Dieselbe Forderung muß gegenüber dem Begriff des *normalen* oder *adäquaten Funktionierens*, des Überlebens, des Weiterbestehens des Systems — oder wie immer dies genannt werden möge — erhoben werden. Auch hier dürfte oftmals der von Hempel geäußerte Verdacht berechtigt sein, daß diese Begriffe in einer *nichtempirischen* Weise gebraucht werden.

Die begrifflichen Schwierigkeiten dürften sich auf die des normalen Funktionierens reduzieren lassen. Denn unter den „Bedürfnissen" und „Erfordernissen" wird man notwendige Bedingungen für das normale Funktionieren des Systems zu erblicken haben, vielleicht auch Bedingungen, deren jede notwendig ist und die in ihrer Gesamtheit darüber hinaus hinreichend für dieses normale Funktionieren sind. Wie aber steht es mit dieser „Normalitätsaussage"? Daß man hier einen (Minimal-) Standard angeben und ferner *empirische Kriterien* für das Vorliegen dieses Standards entwickeln muß, kann wieder am besten an einem biologischen Fall illustriert werden. Das normale Funktionieren wird hier oft als „Überleben" bezeichnet. So etwa wird gesagt, daß ein Organismus ein Minimum an bestimmten Nahrungsstoffen benötige, um zu überleben. Wofür soll dieses Minimum gedacht sein? Wenn man dabei z. B. einen Menschen vor Augen hat, so ist doch sicherlich nicht bloß das nackte Dasein gemeint, das u. U. mit einem langjährigen Siechtum, beruhend auf schweren physiologischen Schäden, verbunden sein kann. Gedacht ist vielmehr an das Weiterleben „bei normaler Gesundheit". Dieser Begriff muß so eingeführt werden, daß es *nachprüfbar* ist, ob ein Zustand von normaler Gesundheit vorliegt oder nicht.

Biologische Beispiele sind relativ klare Fälle. Denn in diesem Bereich kann man es in gewissen Kontexten noch am ehesten akzeptieren, daß ein entsprechender Standard stillschweigend vorausgesetzt wird. Strenggenommen aber ist auch hier die Analyse erst dann ans Ende gekommen, wenn ein solcher Überlebens- oder Normalitätsstandard mittels empirischer Kriterien hinreichend scharf definiert wurde. In den drei Gebieten, in welchen heute Funktionalanalysen viel häufiger anzutreffen sind als in der Biologie, nämlich in der Psychologie, Anthropologie und Soziologie, werden entsprechende *empirische Maßstäbe für das Überleben* viel dringender benötigt. Hier kann man sich nicht, wie im biologischen Fall, mit dem Gedanken beruhigen, daß der kompetente Experte die geeigneten Kriterien zu formulieren vermöchte. Vielmehr werden die Begriffe des seelischen Überlebens, des Überlebens einer Gruppe, einer Kultur etc. auch von den Fachleuten so sehr im Vagen gehalten, daß sie einen weiten Spielraum voneinander mehr oder weniger stark abweichender *subjektiver* Deutungen offen lassen. Es könnte, wie H. A. MURRAY und C. KLUCKHOHN bemerken[34], jemand sogar auf den Gedanken kommen, eine funktionelle Erklärung für den Selbstmord zu geben, da dieser zur Beseitigung schmerzhafter seelischer Spannungszustände führt. Die Gefahr ist um so größer, als für diese subjektiven Interpretationen bewußt oder unbewußt *Wertvorstellungen* maßgebend werden: „funktioniert normal" wird gedeutet als „funktioniert gut", wobei der Interpret seinen eigenen, vielleicht sehr stark weltanschaulich bedingten Begriff der *Güte* eines Systems zugrundelegen wird. In der Soziologie wird z. B. ein Marxist vermutlich mit einem ganz anderen Gütebegriff operieren als ein Nichtmarxist und in der Nationalökonomie ein Planwirtschaftler mit einem anderen als ein Vertreter der freien Verkehrswirtschaft.

Anspruch auf Wissenschaftlichkeit kann die Funktionalanalyse also erst dann erheben, wenn die darin verwendeten Schlüsselbegriffe relativ zu einem Standard des normalen Funktionierens, Überlebens oder Weiterbestehens definiert sind. Ein solcher Standard kann nicht ein für allemal gewählt werden, nicht einmal für ein und dieselbe Disziplin, wie z. B. die Psychologie. Vielmehr ist er im Rahmen jeder Untersuchung auf Grund objektiver empirischer Kriterien eigens festzulegen.

Das abstrakte Schema dafür kann etwa so charakterisiert werden: S sei ein System von der untersuchten Art. $\mathfrak{Z}$ sei die Klasse der Zustände, deren S überhaupt fähig ist, ohne zugrunde zu gehen[35]. Diese Klasse schließt auch solche Zustände ein, die wir intuitiv als ungesund, krankhaft, ja als am Rande der Existenzvernichtung befindlich beurteilen würden. Zum Zwecke der Formulierung eines *Überlebensstandards* wird aus $\mathfrak{Z}$ eine Teilklasse $\mathfrak{N} \subseteq \mathfrak{Z}$ möglicher Zustände von S ausgesondert. Schließlich wird gesagt, daß S zur Zeit t (oder während eines Zeitintervalls T) „normal weiterbesteht", „in adäquater Weise funktioniert" oder „in gesundem Zustand überlebt", sofern es sich zur Zeit t bzw. während des Zeitraumes T in einem Zustand aus $\mathfrak{N}$ befindet.

(4) In (2) wurde auf die Wichtigkeit einer klaren Umgrenzung der inneren und äußeren Bedingung Z bzw. ihres Zulässigkeitsspielraums für das adäquate Funktionieren des Systems hingewiesen. Diese scharfe Umgrenzung muß noch aus einem zusätzlichen Grunde erfolgen: Wie wir gesehen

[34] Dieses Beispiel ist zitiert bei HEMPEL, [Aspects], S. 322.

[35] Die Klasse $\mathfrak{Z}$ kann sich ganz oder teilweise mit der oben eingeführten Klasse I decken. Da die beiden Betrachtungen methodisch zu trennen sind — die früheren Überlegungen betreffen den „Toleranzspielraum" möglicher Situationen, in denen das System die geeigneten Merkmale entwickelt, während sich die jetzige Diskussion auf die Definierbarkeit und den empirischen Gehalt der Schlüsselbegriffe der Funktionsanalyse beziehen —, wählen wir an dieser Stelle eine neue Symbolik.

haben, hängt die Frage, wie das unhaltbare Erklärungsschema (F_0) durch Modifikation in ein korrektes Schema verwandelt werden kann, davon ab, ob und welche funktionellen Äquivalente zu dem gegebenen dispositionellen Merkmal D existieren. Diese Frage „gibt es funktionelle Äquivalente zu D?" erhält erst dann einen klaren Sinn, wenn die inneren und äußeren Bedingungen Z_i und Z_u (vgl. z. B. die Prämisse (a) in (F_1)) genau bekannt und unabhängig von D und seinen Wirkungen charakterisiert sind. Ansonsten könnte man gegen die Behauptung, daß D' ein von D verschiedenes funktionelles Äquivalent von D sei, folgendermaßen polemisieren: „Wäre D' verwirklicht, so würde es andersartige Effekte sowohl auf die innere Situation wie auf die äußeren Bedingungen haben als D. Das System S befände sich also in einer andersartigen inneren und äußeren Situation. Da von einer funktionellen Alternative nur dann gesprochen werden kann, wenn alle übrigen Bedingungen dieselben geblieben sind, kann D' keine derartige funktionelle Alternative von D sein". Dieses Argument würde den Effekt haben, daß es prinzipiell keine funktionellen Äquivalente zu einem Merkmal D geben könnte. Da dies nun aber genau dasselbe besagt wie die These von der funktionellen Unersetzlichkeit von D, so wird diese These aus einer in jedem Einzelfall zu überprüfenden sachhaltigen empirischen Hypothese in ein logisches Postulat verwandelt, das per definitionem wahr ist. Schon um eine solche unersprießliche Situation zu vermeiden, muß die erwähnte Abgrenzung erfolgen. Daß es sich hierbei nicht nur um eine gedanklich konstruierte Gefahr handelt, kann man sich an jedem Beispiel klarmachen, in dem die funktionelle Unersetzlichkeit eines kulturellen Merkmales behauptet wird[36]. MALINOWSKI etwa stellte, wie bereits früher erwähnt, eine solche Behauptung bezüglich der Magie auf. Es könnte jemand entgegnen, daß deren Leistungen für die soziale Gruppe ebensogut durch rationale Verrichtungen erbracht werden könnten: Nehmen wir etwa an, in jener Gruppe hätte eine Entmythologisierung der Weltvorstellungen stattgefunden; es wäre zu einer Reihe von genialen Erfindungen gekommen und im Gefolge davon hätte eine technische Entwicklung stattgefunden; eine „spiritualisiertere Religion" hätte die ursprünglichen magischen Vorstellungen ersetzt usw., und die Gruppe würde in dieser neuen Verfassung weiterexistieren. Würde es sich hier um ein funktionelles Äquivalent zur Magie handeln? Ein Anhänger der Malinowskischen These könnte diese Frage mit dem Hinweis darauf verneinen, daß sich die primitive Gesellschaft durch den geschilderten Prozeß so stark in ihren Wesensmerkmalen geändert habe, daß man überhaupt nicht mehr von derselben sozialen Gruppe sprechen könne und daß es daher unrichtig sei, von einer funktionellen Alternative zu sprechen. Eine solche setze stets die Invarianz bezüglich der charakteristischen Merkmale voraus. Bei dieser Entgegnung hätten wir es mit einer der unfruchtbaren *Immunisierungen der These von der funktionellen*

[36] Vgl. HEMPEL [Aspects], S. 312.

Unvermeidlichkeit gegenüber möglicher empirischer Falsifikation durch deren Umwandlung in eine Tautologie zu tun.

(5) Abschließend müssen wir uns noch der Frage der *prognostischen Brauchbarkeit des logisch bereinigten Schemas der Funktionalanalyse zuwenden.* Um an den plausibleren Fall anzuknüpfen, legen wir dazu das Schema (F_1) zugrunde. Weiter setzen wir voraus, daß die oben beschriebenen Probleme der empirischen Signifikanz befriedigend gelöst worden sind.

Als erste selbstverständliche Feststellung ergibt sich eine Aussage über den Voraussagewert: Ebensowenig wie man mittels (F_1) das Vorkommen eines Merkmals D an einem System S *erklären* kann, so wenig kann man bei Vorliegen der entsprechenden pragmatischen Umstände dieses Schema benützen, um das Vorkommen von D zu *prognostizieren.* Auch die Voraussage kann höchstens das Vorliegen irgend eines nicht näher bekannten Merkmals aus der Klasse J beinhalten, es sei denn, es ließe sich eine Begründung dafür geben, daß D auch eine notwendige Bedingung für das Vorkommen von N darstellt. *Der Voraussagewert kann nicht stärker sein als der Erklärungswert.*

Daneben entsteht aber jetzt ein zusätzliches Problem: Die Anwendung des Schemas (F_1) (und analog die von (F_o^*)) beruht auf der Prämisse (a), welche die Aussage enthält, daß das System S zur Zeit t in einer bestimmten inneren und äußeren Situation adäquat funktioniert. Der Zeitpunkt t ist derselbe, der auch in der Conclusio (d) erwähnt wird, welche in der Behauptung besteht, daß das Merkmal D in S zur Zeit t anzutreffen ist. Falls diese letztere Behauptung eine Voraussage darstellt, muß somit t ein *künftiger* Zeitpunkt sein. Dann aber scheint die Prämisse (a) nicht mehr zur Verfügung zu stehen. *Wie können wir denn wissen, daß S auch zum künftigen Zeitpunkt t adäquat funktionieren wird?*

Die Schwierigkeit sei zunächst wieder an einigen Beispielen illustriert. Nehmen wir an, die Regentänze der Hopi-Indianer sollen nicht in der geschilderten Weise funktionell erklärt, sondern nach demselben gedanklichen Schema *vorausgesagt* werden. Es soll also etwa eine Prognose von der Art erfolgen, daß wir bei dem Indianerstamm auch in zwei Jahren noch auf diese Verrichtungen mit der angegebenen manifesten und einer davon abweichenden latenten Funktion stoßen werden. Auf die letztere soll sich das prognostische Argument stützen. Unter dem „normalen Weiterbestehen" des Stammes wird in diesem Zusammenhang ein Minimum an sozialem Zusammenhalt und „staatsähnlicher" Organisation verstanden. Die Korrektheit des funktionellen Schemas vorausgesetzt, wie erlangen wir Kenntnis davon, daß diese Form normalen Zusammenlebens auch in zwei Jahren noch bestehen wird? Der Stamm könnte sich bis dorthin in eine Gesamtheit von Streusiedlern aufgelöst haben, zwischen denen nur sehr lose oder überhaupt keine Kontakte mehr bestehen, vielleicht auch nur solche kriegerischer Natur, die schließlich zur Ausrottung des Stammes führen werden. Oder nehmen wir ein heutiges Entwicklungsland, in dem ein Industrialisierungsprozeß eingesetzt hat. Es wird die Prognose aufgestellt, daß in diesem Land in den nächsten zwanzig Jahren eine immer intensiver werdende Verkehrsplanung vorgenommen wird, weil nur auf diese Weise der Ausbau eines dichten Verkehrsnetzes gewährleistet werde, dessen Existenz eine funktionell notwendige Bedingung für das Bestehen einer gut entwickelten Industrie sei. Wie aber wissen wir, daß die Voraussetzungen dafür, überhaupt von einem funktionellen Erfordernis (Verkehrsnetz) sprechen zu können, nämlich die Weiterentwicklung der Industrie in diesem Lande, erfüllt sein wird? Es könnten sich ja so schwere Rückschläge ergeben, daß der ganze Prozeß stagniert und die Wirtschaft sich von einem bestimmten Zeitpunkt an sogar rückläufig entwickelt, um in weniger als zwei Jahrzehnten bei demselben primitiven Ausgangszustand angelangt zu sein, bei dem der Industrialisierungsprozeß eingesetzt hatte. Schließlich noch ein psychologisches Beispiel: Eine Person entwickle zunehmend Angstgefühle. Eine notwendige Bedingung für einen normalen seelischen Fortbestand dieses Individuums bestehe darin, daß diese Angstgefühle durch neurotische Symptome — oder in anderer Weise, falls wir der Symptombildung keine funktionelle Unersetzlichkeit zusprechen — gebunden werden. Um behaupten zu können, daß einer dieser Anpassungsvorgänge tatsächlich stattfinden wird, müßten wir zuvor wissen, daß für diese Person ein normales seelisches Weiterleben garantiert sein wird. Wie aber vermögen wir ein solches Wissen zu gewinnen? Es könnte ja der Fall sein, daß diese Person in Wahrheit seelisch zusammenbricht und nur mehr als psychologisches Wrack weiterexistiert oder sich aus Verzweiflung das Leben nimmt.

Wie diese Beispiele zeigen, droht der Funktionalanalyse auch an dieser Stelle wieder die Gefahr, in wissenschaftlich unzulässige teleologische Spekulationen abzugleiten: Die Gültigkeit der Prämisse (a) für den künftigen Zeitpunkt wird durch Überlegungen von der Art zu erhärten versucht, daß das fragliche gesellschaftliche Gebilde ein auf den Zusammenhalt seiner Glieder gerichtetes Verhalten an den Tag legen, daß die Wirtschaft weiter in der Richtung auf die Entwicklung einer blühenden Industrie hin tendieren werde etc.

Ein derartiger Fehler *kann* begangen werden, er *braucht* aber nicht begangen zu werden. Die Zukunftsprognose kann sich auch *auf eine induktiv gestützte Selbstregulationshypothese* gründen. Dies möge unter Anknüpfung an die Überlegungen in (3) oben verdeutlicht werden. $\mathfrak{Z}$ sei wieder die Klasse aller denkbaren Zustände des Systems, $\mathfrak{N}$ jene Teilklasse von Zuständen, die das normale Funktionieren repräsentieren. Daß S ein Selbstregulator ist, bedeutet grob gesprochen folgendes: Es gibt eine $\mathfrak{N}$ umfassende Teilklasse $\mathfrak{S}$ von Zuständen aus $\mathfrak{Z}$, $\mathfrak{N} \subset \mathfrak{S} \subset \mathfrak{Z}$, und einen Mechanismus in S, der bewirkt, daß bei einer Störung, welche S aus einem $\mathfrak{N}$-Zustand, aber nicht aus einem 𝔖-Zustand, herausführt, S in einen der ℜ-Zustände zurückkehrt. Die Selbstregulation funktioniert also nur in diesen, nicht jedoch in allen Fällen. Wenn man bedenkt, daß sich diese Analyse nicht auf *individuelle* Systeme, sondern auf Systeme von einer bestimmten *Art* bezieht und daß der erwähnte Mechanismus auf Naturgesetzen beruht, so sieht man, daß es eine *Gesetzeshypothese* ist, die hier benützt wird. Wir können sie in die allgemeine Gestalt bringen: „Systeme der Art S sind Selbstregulatoren bezüglich ℜ mit der Toleranzschranke 𝔖". Je nach dem Charakter des Regulationsmechanismus kann es sich hierbei um eine deterministische oder um eine statistische Hypothese handeln.

Um also die Prämisse (a) für Voraussagen verwenden zu können, muß zweierlei gegeben sein: Erstens muß man für das fragliche System über eine Selbstregulationshypothese von der geschilderten Art verfügen. Zweitens muß man sicher sein, daß bis zu dem künftigen Zeitpunkt t keine anderen als 𝔖-Zustände realisiert sein werden. Durch das letztere werden zwei Möglichkeiten ausgeschlossen, nämlich erstens das Eintreten solcher äußerer Umstände, die zu einer Vernichtung des Systems führen würden, und zweitens das Eintreten von Umständen, die das System in einen „abnormen" Zustand aus 𝔅 − 𝔖 brächten, bei dem der Regulationsmechanismus versagt. Darüber, daß weder der erste noch der zweite Fall eintreten wird, kann man *kein definitives Wissen* erlangen. Doch kann die Annahme, daß solche Situationen nicht eintreten werden, *induktiv gut bestätigt* sein.

Zusammenfassend können wir also sagen: *Für die prognostische Verwendbarkeit von Schema* (F_0*) *oder* (F_1) *muß man über die empirisch bestätigte Hypothese verfügen, daß das System S ein sich innerhalb gewisser Grenzen selbst regulierender Automatismus ist; und es muß außerdem die Vermutung empirisch bestätigt sein, daß nur solche Umstände eintreten werden, bei welchen dieser Automatismus intakt bleibt.* Wir bezeichneten an früherer Stelle Sätze über Selbstregulation als scheinbar teleologische Aussagen der höheren Schicht. An solche bleibt also die Funktionalanalyse als Voraussetzungen gebunden, wenn sie für Voraussagen benützt werden soll.

Durch die Tatsache als solche, daß wir induktive Annahmen über die Zukunft machen müssen, unterscheidet sich die eben diskutierte prognostische Verwendung der Funktionalanalyse im Prinzip nicht vom Fall der nomologischen Prognose. Wie wir von den Diskussionen in I, 11 sowie in II wissen, benötigen wir selbst in der klassischen Mechanik Hypothesen über die Zukunft, um ein Ereignis für einen künftigen Zeitpunkt t_1 vorauszusagen. Bezeichnen wir den gegenwärtigen Zeitpunkt mit t_0, so brauchen wir z. B. Annahmen über die zwischen den Zeiten t_0 und t_1 bestehenden Randbedingungen. Diese Annahmen werden nur bisweilen in der Formulierung unterdrückt, etwa weil man stillschweigend annimmt, daß die bisher geltenden Bedingungen auch für den betreffenden künftigen Zeitraum unverändert weiterbestehen werden, oder weil man voraussetzt, daß es sich um ein sogenanntes „geschlossenes physikalisches System" handle, für welches die von außen kommenden Störungen vernachlässigt werden können. So etwa nimmt man für die astronomische Prognose einer Sonnenfinsternis an, daß auf unser Planetensystem keine von außen her kommenden gravierenden kosmischen Störungen wirksam werden. Prognosen im Rahmen der Funktionalanalyse unterscheiden sich davon nur dadurch, daß die Zukunftsannahmen die geschilderte *spezielle* Form haben, worin die Aufrechterhaltung eines Selbstregulationsmechanismus behauptet wird.

Viele Voraussagen, auf die man bei Vertretern der Funktionalanalyse stößt, sind auch in bezug auf den eben diskutierten Punkt äußerst ungenau und sorglos formuliert. Zusammen mit den früher erwähnten Mängeln werden sich somit häufig nicht weniger als fünf Arten von Fehlern einschleichen: Erstens wird die Notwendigkeit, eine empirisch fundierte *Hypothese über die Selbstregulation* aufstellen zu müssen, überhaupt nicht gesehen. Zweitens wird bei der Argumentation entweder in *logisch inkorrekter Weise* gemäß Schema (F_o) (statt (F_1)) auf das Vorkommen eines bestimmten Merkmals D statt bloß auf das Vorliegen *irgendeines* Merkmals der Klasse J geschlossen, oder der Schluß wird bestenfalls durch eine höchst zweifelhafte Hypothese von der funktionellen Unersetzlichkeit von D in Ordnung gebracht. Drittens wird *die Klasse der Systeme*, auf welche sich die Funktionalanalyse beziehen soll, nicht scharf umgrenzt. Viertens unterbleibt auch eine deutliche Abgrenzung *der inneren und äußeren Bedingungen* bzw. ihres Zulässigkeitsspielraums für das normale Funktionieren. Fünftens wird die Unklarheit oft noch dadurch vergrößert, daß *die Schlüsselbegriffe der Funktionalanalyse*, wie der Begriff des „funktionellen Erfordernisses" oder des „adäquaten Funktionierens", nur sehr vage umgrenzt oder sogar in einer solchen Weise gebraucht werden, daß es fraglich wird, ob die Aussagen des Funktionalanalytikers überhaupt einen empirischen, und dies bedeutet: einen wissenschaftlich nachprüfbaren Gehalt besitzen.

Wie HEMPEL bemerkt, kann man sowohl bei nomologischen wie bei funktionalanalytischen Prognosen durch geeignete Anwendung des Deduktionstheorems die Benützung von Zukunftsannahmen vermeiden. Die Voraussageäußerung wird dann eine an Gehalt schwächere Aussage; sie hat nicht kategorischen, sondern bloß hypothetischen Charakter. An die Stelle des Schemas (F_1) z. B. würde das folgende Schema ($F_1{}^+$) treten, welches die frühere Prämisse (a) überhaupt nicht mehr enthielte:

	(b)	[unverändert]
(F_1^+)	(c_1)	[unverändert]
Conclusio	(d_1^+)	Wenn das System S zur Zeit t in einer Situation von der Art $Z = Z_i + Z_u$ adäquat funktioniert, dann ist zur Zeit t eines der Merkmale aus J an S verwirklicht.

Die frühere Prämisse (a) tritt hier einfach als Wenn-Satz innerhalb der Conclusio auf. Beschränkten sich die Funktionalanalytiker stets darauf, solche vorsichtig formulierten Prognosen aufzustellen, so würde wenigstens einer der obigen Einwände hinfällig werden[37]. Leider aber scheint eine solche konditionale Formulierung der Prognose nur sehr selten intendiert zu sein, wie die von HEMPEL, a. a. O. S. 316ff. angeführten Beispiele zeigen.

4.f Zusammenfassung und Fazit. Radikale Kritiker des Funktionalismus haben behauptet, daß es sich dabei um nicht weniger unhaltbare Versuche teleologischer Erklärungen handle als im Vitalismus. Blickt man auf die Schriften mancher Soziologen und Anthropologen, so erscheint diese Kritik teilweise als berechtigt, insbesondere gegenüber älteren Autoren[38]. Der psychologische Ursprung der Funktionalanalyse dürfte tatsächlich darin zu erblicken sein, daß der Begriff der *Funktion* mit dem Begriff des *Zweckes* assoziiert wurde. Nun ist gegen Erklärungen aus Zwecken oder Motiven nichts einzuwenden, sofern ein *empirisches Testverfahren* existiert, um das Vorliegen dieser Zwecke und Motive zu überprüfen. Wollte man hingegen sozialen Gebilden als ganzen oder allgemein Systemen mit Selbstregulation solche Zwecke zuschreiben, so fehlte dafür jede empirische Basis. Man würde dadurch in dieselbe Art von „Dämonologie" hineingeraten, wie dies im biologischen Vitalismus der Fall ist. Sollte jemand vollends behaupten, daß in Systemen von der Art, wie sie innerhalb der Funktionalanalyse untersucht werden, der Zweck selbst das gegenwärtige Geschehen determiniere, so wäre dem mit demselben früheren Argument zu begegnen, wie allen nicht bloß formal-teleologischen Versuchen, in denen dem zukünftigen Geschehen ein determinierender Einfluß auf das Gegenwärtige zugeschrieben wird.

Wie sich zeigte, können Funktionalanalysen auf eine Weise rekonstruiert werden, daß sie einem solchen „Teleologie-Einwand" nicht mehr ausgesetzt sind. Funktionalanalysen können *logisch korrekt* und *empirisch gehaltvoll* sein. Sie stellen dann allerdings keine Erklärungsform sui generis dar, sondern fallen unter das allgemeine Schema wissenschaftlicher Erklärungen. Die Verteidigung des Funktionalismus war jedoch begleitet von stark einschränkenden Betrachtungen. Wird ein funktionalanalytisches Argument präsentiert, welches sowohl dem Standard für logische Korrektheit wie dem für empirische Signifikanz genügt, so ist der Erklärungswert ein sehr geringer. Die Conclusio ist gewöhnlich weit schwächer als es vom Funktionalisten beabsichtigt war. Außerdem ist zwar das Ideal in bezug auf Korrektheit, aber kaum das in bezug auf Signifikanz je wirklich erreichbar. Die Schlüsselbegriffe der Funktionalanalyse werden stets einen mehr oder

---

[37] Für ein Beispiel aus den Schriften MALINOWSKIS, das man so deuten könnte, vgl. HEMPEL [Aspects], S. 316.

[38] Vgl. dazu die Zitate aus Werken von L. GUMPLOWICZ und MALINOWSKI bei HEMPEL, a. a. O. S. 328.

weniger großen Vagheitsspielraum aufweisen und dementsprechend wird auch die latente Gefahr empirisch gehaltloser Begriffe und Aussagen weiter bestehen. Wenn schließlich Funktionalanalysen für Voraussagezwecke verwendet werden sollen, so gilt nicht nur, daß der Voraussagewert ebenso schwach sein wird, wie es der Erklärungswert war. Das prognostische Argument ist außerdem mit einer Hypothese der Selbstregulation sowie mit einer Annahme über die künftigen Bedingungen, unter denen das System arbeiten wird, belastet, die beide anderweitig empirisch zu begründen sind.

Ein Skeptiker könnte angesichts dieser Sachlage fragen, ob man nicht Funktionalanalysen in vielen, wenn nicht in den meisten Fällen jeden Erklärungswert absprechen und sie in einer bestimmten *anderen Weise* deuten solle, etwa als beschreibende Hinweise von der eingangs geschilderten Art. Entweder es gelinge, einen solchen beschreibenden Hinweis auf Verlangen durch eine genauere *kausale Analyse* zu ersetzen, dann sei in dieser die eigentliche Erklärung der relevanten Aspekte des betreffenden Phänomens zu erblicken. Oder aber eine solche kausale Analyse könne vorläufig nicht erbracht werden. Dann bilde die Funktionalanalyse ein bloßes Provisorium und enthalte nicht mehr als ein vorläufig unerfülltes Versprechen.

Da oben einige polemische Äußerungen gegen unzulässige Zweckbetrachtungen, vor allem auch im Zusammenhang mit Selbstregulatoren, gemacht wurden, sei hier zur Vermeidung von Verwirrungen auf einen Punkt hingewiesen: Es ist durchaus zulässig, z. B. Beschreibungen des Funktionierens eines Dampfregulators oder des Preismechanismus in einer freien Verkehrswirtschaft mit Bemerkungen über deren Zwecke, Aufgaben u. dgl. zu begleiten. Diese Berechtigung liegt darin begründet, daß wir es mit einer Superposition von zwei Erklärungsweisen zu tun haben. Die eine Erklärung ist eine *psychologisch-genetische* oder eine *historisch-genetische*. Sie betrifft überhaupt nicht das *Funktionieren* des Selbstregulators, sondern *die Erklärung für sein Zustandekommen*. Da es sich um Systeme handelt, die *durch menschliche Aktivität* entstanden, wird in der Regel eine Erklärung *aus Motiven* gegeben werden, also eine solche, die wir kausal-teleologische Erklärung nannten[39]. Man kann zu erklären versuchen, wie es dazu kam, daß der Wattsche Dampfregulator erfunden wurde; welche Zwecke die Maschinenbauer damit verfolgen; warum gerade an dieser Stelle ein solcher Regulator installiert worden ist usw. Analog kann man eine Erklärung dafür geben, daß in einem bestimmten Staat eine freie Wirtschaftsverfassung eingeführt worden ist, die einen verkehrswirtschaftlichen Mechanismus ins Leben rief. Wir stehen vor einer gänzlich anderen Aufgabe, wenn wir dazu übergehen, *das Funktionieren des Selbstregulators* zu erklären. Hier ist die Zweckbetrachtung fernzuhalten; was von Relevanz ist, sind allein die Struktur des

[39] Zu einem späteren Zeitpunkt wird es vielleicht möglich sein, eine derartige Erklärung unter ausschließlicher Verwendung von neurophysiologischen Gesetzmäßigkeiten vorzunehmen.

Systems und bestimmte Naturgesetze. Die Tätigkeitsweise des Dampfregulators versteht man nicht, wenn man weiß, warum er von Menschen konstruiert wird. Im ökonomischen Beispiel verhält es sich allerdings wieder komplizierter. Hier wird man auch für die Schilderung der Gesetzmäßigkeiten auf zweckhaftes Verhalten Bezug nehmen müssen; denn die wirtschaftenden Subjekte sind zielstrebige Wesen. Unzulässig ist hingegen eine Betrachtung über die Ziele des *gesamtwirtschaftlichen* Mechanismus; denn dieser bildet keine eigene zwecksetzende Entität.

Unter den verschiedenen Autoren nimmt HEMPEL eine Position ein, die zwischen zwei extremen Standpunkten liegt, nämlich zwischen der optimistischen Auffassung, daß die Funktionalanalyse eine spezifische Theorie bilde, die sich auf ein „universelles Prinzip des Funktionalismus" oder auf „allgemeine Axiome des Funktionalismus" (MALINOWSKI) gründe, und der oben angedeuteten skeptisch-pessimistischen Einstellung, wonach es sich um eine empirisch unhaltbare oder sogar sinnlose teleologische Denkweise handle, aus der man nach Abstreifen ihres metaphysischen Gewandes nur gewisse mehr oder weniger vage Hinweise herausdestillieren könne. Eine allgemeine Theorie des Funktionalismus erscheint HEMPEL berechtigterweise als unhaltbar: Das allgemeine Prinzip, auf das sich eine solche Theorie stützen sollte, ist nämlich entweder *gehaltlos* (wenn die Begriffe des funktionellen Erfordernisses und des normalen Funktionierens mit keiner klaren empirischen Interpretation versehen sind) oder *tautologisch* (wenn jede Reaktionsweise eines Systems bei beliebigen Umständen als eine Funktion erfüllend gedeutet wird, z. B. auch der Selbstmord als ein Mittel zur Befreiung von psychischen Belastungen) oder *empirisch falsch*. Man kann nach HEMPEL nicht mehr tun als versuchen, *konkrete* funktionalistische Argumente unter Berücksichtigung aller oben angeführten Aspekte „in Ordnung zu bringen" (durch begriffliche Präzisierungen, durch Abschwächung der Conclusio, durch Verschärfung der Prämissen mittels Heranziehung weiterer empirisch bestätigter Hypothesen etc.). Dies mag im einen Fall gelingen, im anderen nicht.

Auch der Skeptiker kann jedoch dem Funktionalismus eine wichtige praktische Bedeutung nicht absprechen, nämlich die Bedeutung eines *Forschungsprogramms*, das durch gewisse „*heuristische Maximen*" oder „*Arbeitshypothesen*" geleitet wird. Beispiele aus der Biologie legen von der Fruchtbarkeit eines solchen Programms ein beredtes Zeugnis ab. Fragen wie die nach der Funktion gewisser Organe oder der Funktion bestimmter empirischer Verhaltensweisen haben Untersuchungen ins Leben gerufen, deren Ergebnisse objektiv nachprüfbare Hypothesen bildeten, die in einer neutralen, von teleologischen und funktionalistischen Ausdrücken freien Sprechweise formuliert sind. Diese Hypothesen betrafen bestimmte Merkmale und Aspekte von Prozessen, die als „spezifisch organisch" empfunden werden, wie Reproduktion, Regeneration, Homöostasis. Das, worauf diese Untersuchungen letzten Endes abzielen, ist ein Verständnis all dieser *Selbstregulationsvorgänge*, aber nicht ein Verständnis im Sinne der *Analogiebetrachtung zu zielbewußtem Handeln*, sondern im Sinn der *Zurückführbarkeit auf physiologische und schließlich auf chemisch-physikalische „Mechanismen“*, die von bekannten und empirisch bestätigten Naturgesetzen beherrscht werden. Auch in der Psychologie sowie in den Sozialwissenschaften sollte daher die Funktionalanalyse vor allem als Forschungsprogramm aufgefaßt werden, das darauf abzielt, zu bestimmen, *in welchen Hinsichten, in welchem Grade und innerhalb welcher Grenzen die untersuchten Systeme Selbstregulatoren sind.* Aufgabe der Forschung wird es auch hier sein, sich durch das Studium der funktionellen Beziehungen schließlich bis zu jenem Punkt heranzutasten, wo man das Denken und Sprechen in Funktionen hinter sich lassen kann und die einen interessierenden Vorgänge gemäß dem Gesetzesschema erklären kann: durch „Unterordnung“ unter nomologische und statistische Regularitäten. Ob und wie weit die Erfüllung dieser Aufgabe gelingen wird, kann man nicht von philosophischer Warte aus a priori entscheiden. Die Antwort kann nur in fachwissenschaftlicher Arbeit gefunden werden. Wie die Forschungsergebnisse der letzten Jahre lehren, kann man die Chancen dafür durchaus optimistisch beurteilen.

Diese Betrachtungen über die heuristische Bedeutung der Funktionalanalyse stimmen überein mit ähnlichen Gedanken, die von verschiedenen Philosophen vorgetragen wurden, häufig unter Bezugnahme auf die teleologische Betrachtungsweise als solche. Nur am Rande sei hier KANTs *Kritik der Teleologischen Urteilskraft* erwähnt. Abstrahiert man, soweit das in diesem Zusammenhang möglich ist, von dem komplizierten theoretischen Begriffsapparat, auf dem seine Untersuchungen basieren, so kann man sagen, daß für KANT die Fruchtbarkeit der teleologischen Fragestellung darin liegt, daß sie ein Stimulans für die wissenschaftliche Forschung bildet. Wo immer dies nur möglich ist, müssen jedoch nach ihm mechanistische Erklärungen — oder wie wir heute allgemeiner sagen müssen: Erklärungen mittels deterministischer und statistischer Prinzipien — versucht werden. Erst unsere Unfähigkeit, befriedigende kausale Erklärungen dieser Erscheinungen zu liefern, führt uns dazu, Erklärungen mit Hilfe des Begriffs der Naturzweckmäßigkeit zu geben[40]. Der Begriff „Naturzweck“ ist aber kein Begriff, für dessen Anwendung auf Erfahrungsgegenstände objektive wissenschaftliche Kriterien existierten. Er ist vielmehr eine bloße „Idee“ im kantischen Sinn, die zu nichts weiter führen kann als zu „regulativen Funktionen“ oder „subjektiven Maximen“. Diese Maximen sind methodologische oder heuristische Regeln, welche uns eine *Als-ob Betrachtung* abverlangen. Wir sollen etwa von der Annahme ausgehen, daß nichts in einem Organismus

[40] Vgl. etwa [Urteilskraft], B 279.

„umsonst“ sei und daß in ihm nichts „von ungefähr“ komme, d.h. ohne Zweck geschehe[41]. Mit dieser Betrachtungsweise, durch die wir Dinge oder Dingsysteme als Naturzwecke ansehen, überschreiten wir zwar den Bereich der Erfahrung. Der Zweck dieses Überschreitens ist aber nicht die Errichtung einer teleologischen Metaphysik, sondern das Hervorbringen fruchtbarer Fragestellungen, die letzten Endes einen Beitrag dazu leisten, unsere empirischen Gesetzeserkenntnisse in ein umfassendes System einzuordnen.

5. Final gesteuerte Systeme oder teleologische Automatismen

5.a Einleitende Bemerkungen. Wir kommen zu einem weiteren, bereits im vorigen Abschnitt angedeuteten wissenschaftstheoretischen Aspekt des Teleologieproblems: der logischen Analyse von final gesteuerten Systemen oder von Systemen mit zielgerichteter Organisation. Wir wissen von früher her, daß Erklärungen mit Hilfe von Endursachen Pseudoerklärungen darstellen. Daß trotzdem Erklärungen mit Hilfe einer causa finalis von vielen Philosophen als methodisch einwandfrei empfunden wurden, dürfte zwei Gründe haben: entweder das zielgerichtete Geschehen wurde als ein zielintendierter Prozeß gedeutet oder der ganze Sachverhalt ist in die Sprache der formalen Teleologie übersetzbar. Soweit das letztere zutrifft, handelt es sich um einen harmlosen Fall. Sofern eine Deutung im Sinn des zielintendierten Verhaltens vorgenommen wird, ist zu untersuchen, ob diese Deutung empirisch fundiert ist. Fällt die Untersuchung positiv aus, so haben wir es mit echter materialer Teleologie zu tun, wie wir dies nannten. Auch dieser Fall ist prinzipiell unproblematisch, da es sich bei solchen Arten von teleologischen Erklärungen um spezielle Fälle von kausalen oder statistischen Erklärungen handelt. Die philosophischen Schwierigkeiten liegen hier, wie wir gesehen haben, auf ganz anderer Ebene: sie betreffen ontologische und semantische Fragen. Die eigentliche Problematik beginnt hingegen dann, wenn die empirische Untersuchung negativ ausfällt, wenn also nichts darauf hindeutet, daß ein zielintendiertes Verhalten vorliegt. Da von Zwecken nur gesprochen werden kann, wenn ein „zwecksetzender Wille“ vorliegt, ein solcher aber im gegebenen Fall nicht angenommen werden darf, müssen wir die Teleologie als eine scheinbare deklarieren. Solange die Erklärungen der fraglichen Vorgänge in einer teleologischen Sprechweise ausgedrückt sind, können wir daher in ihnen nichts weiter erblicken als anthropomorphe Analogiebilder, die zwar eine heuristische Funktion haben können, jedoch keinen eigentlichen Erklärungswert besitzen. Wir müssen stets dessen eingedenk sein, daß das Geschehen nur so aussieht, *als ob* ein

[41] a. a. O. B 296.

zielbewußter Wille dahinter stünde. Die wichtigste Klasse von Fällen dieser Art bilden die Lebensvorgänge.

Der Kybernetiker geht so vor, daß er Systeme entwirft und im einzelnen beschreibt, welche, obwohl „bloße Mechanismen", organisches Geschehen und intelligentes Verhalten simulieren und daher für das Verständnis dieser Vorgänge ausgewertet werden können. Dem Wissenschaftstheoretiker geht es darum, eine prinzipielle Einsicht in das Verhalten *final gesteuerter Systeme* (*Systeme mit zielgerichteter Organisation, teleologischer Automatismen*) zu gewinnen, ohne auf die metaphysische Annahme zurückgreifen zu müssen, das Geschehen sei das Werk verborgener zielsetzender Kräfte. Er hat zu diesem Zweck eine Analyse der Vorgänge an solchen Systemen zu liefern, die in einer *neutralen*, von teleologischen Ausdrücken freien Sprache abgefaßt ist und die nur so weit vorangetrieben werden muß, daß deutlich wird: die zu erklärenden Teilvorgänge an einem derartigen System sind in „harmloser" Weise nach dem deduktiv-nomologischen oder dem statistischen Schema erklärbar.

Von verschiedener Seite und unter verschiedenen Gesichtspunkten ist versucht worden, solche Analysen zu geben. In jeder dieser Analysen wird ein anderer Aspekt hervorgehoben. Da der Begriff der finalen Steuerung zunächst vage ist und verschiedene Arten von teleologischen Automatismen unterschieden werden können, muß vorläufig die Frage offenbleiben, ob es einmal möglich sein wird, ein umfassendes gedankliches Schema zu entwerfen, das alle relevanten Aspekte an teleologischen Automatismen sowie sämtliche Typen von solchen einschließt.

5.b Verhaltensplastische Systeme. Es handelt sich hier um das allgemeine Phänomen der *hartnäckigen Zielverfolgung*. Nach E. S. RUSSELL[42] ist dies das auszeichnende Merkmal organischer Vorgänge gegenüber anorganischen Prozessen. Auch anorganische Verläufe kann man stets so beschreiben, daß sie sich auf ein Ziel hinbewegen; man braucht dazu nur den späteren Zustand als das Ziel zu bezeichnen. Ein Organismus hingegen vermag Ziele *unter variierenden äußeren Umständen*, die zum Teil seine eigenen Zustände ändern, und unter Überwindung sich entgegenstellender Schwierigkeiten zu erreichen. Darin äußert sich die Hartnäckigkeit in der Zielverfolgung. Es ist daher verständlich, daß angesichts solcher Vorgänge in uns die Neigung entsteht, das Geschehen so zu deuten, als übe das Ziel als Endursache auf die zu seiner Realisierung führenden Vorgänge einen bestimmten Einfluß aus. R. B. BRAITHWAITE hat versucht, für diesen allgemeinen Sachverhalt eine kausale Analyse zu liefern[43]. Wir knüpfen an seine Darstellung an, geben aber eine in den Einzelheiten abweichende begriffliche Präzisierung.

---

[42] [Directiveness], S. 144.
[43] [Explanation], S. 328ff.

Als Vorbereitung führen wir zunächst das Analogiebild weiter. Nehmen wir also an, wir hätten es mit einem Fall von *echter* Teleologie zu tun. Dann müßte die kausale Betrachtungsweise an zwei Stellen einsetzen. Erstens ist für die Zielsetzung selbst eine kausale Erklärung, evtl. in der Form einer dispositionellen Erklärung, zu liefern. Zweitens führt die hinter der Handlung stehende Intention niemals unmittelbar zur Zielverwirklichung, sondern erst auf dem Wege über Kausalketten, die durch jene Handlung ausgelöst werden und die im Erfolgsfall nach einer kürzeren oder längeren Zeit zu jenem Zustand führen, der vom Handelnden gewollt war. Da wir im folgenden vom Vorhandensein einer Zielintention absehen müssen, haben wir uns auf diese Kausalketten allein zu konzentrieren. Wenn wir hier von kausalen Erklärungen sowie von Kausalketten reden, so ist dies übrigens eine sprachliche Vereinfachung; denn es können dabei neben deterministischen auch statistische Gesetze beteiligt sein. Der größeren Anschaulichkeit wegen behalten wir aber diese Ausdrucksweise für das Folgende bei. Eine befriedigende Charakterisierung einer Kausalkette müßte die Gestalt einer genetischen Erklärung haben, deren Glieder aus deduktiv-nomologischen oder statistischen Erklärungen bestehen.

Solche zur Zielverwirklichung führenden Ketten bezeichnen wir als *teleologische Kausalketten*. Je nachdem, ob sie durch eine Ziel*intention* hervorgerufen worden sind oder nicht, handelt es sich um *echt teleologische* oder um *scheinbar teleologische Kausalketten*. Wodurch unterscheiden sich solche teleologischen Kausalketten von gewöhnlichen kausalen Prozessen? Es scheint zunächst, als ob nur im Fall der echten Teleologie ein Kriterium für die Unterscheidung zur Verfügung stünde: Dieses Kriterium besteht gerade darin, daß die Kausalkette durch eine zielbewußte Handlung ins Leben gerufen wurde. Abstrahieren wir von dieser oder negieren wir ausdrücklich die Annahme, daß eine Zielintention vorgelegen habe, so scheint sich der Unterschied zwischen dem teleologischen und dem nichtteleologischen Fall zu verwischen. Sicherlich besteht der psychologische Unterschied, daß wir im nichtteleologischen Fall keine Neigung verspüren, von Zwecken oder Zielen zu sprechen, also etwa zu sagen, daß eine Kausalkette zum Explanandumereignis als zu seinem Ziel hinführe. Wenn eine Sonnenfinsternis erklärt oder vorausgesagt wird, so würden wir es als gänzlich irreführend empfinden, davon zu reden, daß die Bewegungen von Erde, Sonne und Mond auf diese Sonnenfinsternis „*hinzielten*" oder daß all diese Bewegungen erfolgten, *um* die Sonnenfinsternis hervorzurufen. Aber dieses psychologische Faktum können wir nicht als Kriterium benützen. Vielmehr soll ja gerade umgekehrt das gesuchte Kriterium die Frage beantworten, warum wir angesichts gewisser Vorgänge die Neigung verspüren, so zu sprechen, als stecke ein menschenähnliches Bewußtsein dahinter, in anderen Fällen dagegen nicht.

Kann man die gewünschte Auszeichnung mit Hilfe eines formalen Merkmals der Kausalkette oder eines Gliedes davon vornehmen? In dem eben gebrachten nichtteleologischen Beispiel handelt es sich um einen periodischen Vorgang (Planetenbewegung). Aber dieses Merkmal kann nicht ausschlaggebend sein; denn auch die nichtperiodischen Vorgänge in der anorganischen Natur charakterisieren wir gewöhnlich in einer nichtteleologischen Sprechweise. B. RUSSELL schlug einmal ein Kriterium vor, das ein formales Merkmal jenes Ereignisses benützt, welches das Schlußglied des betrachteten Kausalprozesses darstellt[44]. Nach diesem Kriterium soll es sich bei teleologischen Kausalketten um Verhaltenszyklen handeln, bei denen sich am Ende ein zeitweiliges Zur-Ruhe-Kommen einstellt. So etwa beschreiben wir das Verhalten eines Tieres auf Futtersuche mit teleologischen Ausdrücken. Hat das Tier gefressen, so schläft es. Wie BRAITHWAITE mit Recht kritisiert, reicht dieses Merkmal offenbar nicht aus. Auch nach einem Erdbeben, einem Vulkanausbruch, nach dem Sturz einer Staublawine ins Tal sowie nach einer Bombenexplosion tritt eine zeitweilige Ruhe ein, ohne daß von einer echten oder scheinbaren Teleologie die Rede sein kann.

Es dürfte nicht möglich sein, das gesuchte Kriterium für isolierte Kausalprozesse zu finden. Diese Prozesse müssen vielmehr zu jenem Dingsystem, z. B. dem Organismus, in Beziehung gesetzt werden, durch dessen Tätigkeit die fragliche Kausalkatte ins Leben gerufen wurde. Damit aber sind wir wieder beim Ausgangsproblem angelangt, nämlich in einer methodisch neutralen Weise das Verhalten eines solchen Systems zu beschreiben, das mit großer Beharrlichkeit ein Ziel zu verfolgen scheint, da es je nach den wechselnden Umweltbedingungen neue und neue Wege zur Erreichung dieses Zieles „wählt". In einem derartigen Fall soll von *Plastizität des Verhaltens* eines Systems gesprochen werden. Eine notwendige Bedingung für das Vorliegen einer Verhaltensplastizität ist also darin zu erblicken, daß mehrere, evtl. sogar zahlreiche voneinander verschiedene Kausalketten möglich sind, die alle zu demselben Ziel führen. Welcher dieser Prozesse realisiert wird, hängt nicht vom System und seinen inneren Zuständen allein ab, sondern ist mit bedingt durch die äußeren Umstände. Wir werden es daher als das auszeichnende Merkmal teleologischer Kausalprozesse ansehen, *zu einer solchen Klasse von möglichen Kausalketten mit demselben „Endziel" zu gehören.*

Wir müssen diese noch recht undeutliche und von anthropomorphen Analogien durchsetzte Schilderung durch eine klarere, wenn auch noch immer recht schematische begriffliche Charakterisierung ersetzen. Auf Grund der angestellten Vorbetrachtungen liegt es nahe, in einem ersten Schritt den Begriff des verhaltensplastischen Systems zu explizieren und erst in einem zweiten Schritt den der teleologischen Kausalkette einzuführen.

---

[44] [Mind], S. 65.

Den Begriff des Systems definieren wir auch hier (ebenso wie im vorigen Abschnitt) nicht, sondern begnügen uns mit einer ungefähren Charakterisierung. Wir verstehen darunter relativ stabile dinghafte Gebilde von mehr oder weniger großer Komplexität, die innerhalb gewisser Kontexte ausgezeichnet werden. Beispiele von Systemen sind: Organismen, aber auch gut abgrenzbare Teile von solchen, wie Herz, Lunge, Niere; künstliche Systeme, wie z. B. ein Flugzeug, das ohne Pilot fliegt; schließlich auch soziale und ökonomische Gebilde.

S sei ein System. Wir setzen voraus, daß für jeden Zeitpunkt t ein *Zustand* Z_t in S ausgezeichnet werden kann. Von den Systemzuständen wird nicht unbedingt vorausgesetzt, daß sie analysierbar sind. Tatsächlich können die im konkreten Fall relevanten Zustände aber auch bloße Aspekte oder Teilzustände der Gesamtzustände des Systems bilden, so etwa, wenn wir uns zwar auf einen Gesamtorganismus beziehen, uns aber nur für den Blutzustand oder den Temperaturzustand oder für den Zustand eines Teilorgans wie des Herzens interessieren. Diese Zustände sollen später die Glieder von teleologischen Kausalketten bilden. *Die Beschränkung auf Kausalketten im Inneren von* S ist zwar für das Folgende nicht wesentlich, erleichtert aber die Darstellung erheblich. Vom Zeitparameter setzen wir nicht voraus, daß er diskret ist. Doch wird es auch hier das Verständnis erleichtern, wenn der Leser ebenso wie bei den in III geschilderten DS-Systemen an einen diskreten Zeitparameter denkt. Explizit wird diese Annahme erst für das am Schluß gebrachte Beispiel gemacht. Während es bei der Untersuchung von DS-Systemen wesentlich war, daß diese als abgeschlossene Systeme behandelt werden konnten, ist es jetzt umgekehrt entscheidend, daß die Systeme *nicht* abgeschlossen sind, sondern wechselnden Einwirkungen von der Umwelt her unterworfen sind.

Es wird nun die folgende *Determinationsannahme* gemacht. Jeder Zustand Z von S ist bestimmt (1) durch vorangehende Zustände von S und (2) durch gewisse Faktoren in der Umgebung des Systems, welche die Feldbedingungen F heißen mögen. Es wird also angenommen, daß relativ auf gegebene Feldbedingungen die Zustandsfolgen in S gesetzmäßig verlaufen. Hinsichtlich (1) soll der Fall eingeschlossen werden, daß die gesamte vorangehende Geschichte des Systems von kausaler Relevanz für Z ist. Für die weiteren Überlegungen wird dies keinen Unterschied ausmachen, so daß wir der Einfachheit halber annehmen können, daß Z durch *einen* früheren Zustand Z' sowie F bestimmt ist. Die Wendung „ist bestimmt durch" ist dabei wieder so allgemein zu verstehen, daß sie sowohl den deterministischen wie den statistischen Fall einschließt. Die Beschreibungen von Z' und F können also die Antecedensbedingungen einer kausalen oder einer statistischen Erklärung bilden. (Im statistischen Fall wären Qualifikationen einzufügen, die sich aus der Nichttransivität der probabilistischen

Prognostizierbarkeit ergeben)[45]. Eine Folge von Zuständen K in S ist dann bestimmt durch einen gewählten Anfangszustand A des Systems sowie die Totalität der Feldbedingungen $\mathfrak{F}$. In der Funktionssprechweise ausgedrückt, können wir also sagen: $K = \varphi(\mathfrak{F})$ bzw. genauer: $K = \varphi(S; \mathfrak{F}, A)$ für eine geeignete Funktion φ.

Es erweist sich als zweckmäßig, die Menge der Feldbedingungen nicht zeitlich unbegrenzt anwachsen zu lassen. Unter der Menge der *t-Feldbedingungen bezüglich* A soll daher die Menge der Feldbedingungen verstanden werden, die zwischen dem Zeitpunkt t_0 der Realisierung von A und dem Zeitpunkt t verwirklicht sind.

Wir nennen eine Zustandsfolge K von der beschriebenen Art eine *Kausalkette* in S. Diese Kausalkette bestehe aus einem Prozeß, der mit einem Ereignis vom Typus Γ endet. T sei entweder der früheste Zeitpunkt, zu dem diese Verwirklichung von Γ erfolgt, oder ein beliebig gewählter, aber bestimmter späterer Zeitpunkt. Die Eigenschaft von K, zu einem solchen Ereignis zu führen, heiße *die Γ-zielerreichende Eigenschaft von K zu T*. Man beachte, daß der Begriff der Zielerreichung hier in einer nichtteleologischen Sprache definiert worden ist.

Alle Kausalketten K, die mit A beginnen und Γ-zielerreichend zu T sind, werden zu der Klasse $\gamma(T)$ zusammengefaßt. In diesen verschiedenen möglichen Zustandsfolgen muß also spätestens zur Zeit T ein Ereignis mit dem Merkmal Γ realisiert sein. Vom teleologischen Standpunkt interessiert uns aber nicht diese Klasse γ, sondern jene Klassen von Mengen von Feldbedingungen $\{\mathfrak{F}_1, \mathfrak{F}_2, \mathfrak{F}_3, \ldots\}$, die die zu γ gehörenden Kausalketten K_1, K_2, $K_3, \ldots$ festlegen[46]. Wir nennen diese Klasse die *Variationsbreite* Φ des Systems S (bezüglich des Anfangszustandes A, des Ereignismerkmals Γ sowie des Zeitpunktes T). Die formale Definition würde lauten:

[45] Im kontinuierlichen Fall müßte der Begriff des vorangehenden Zustandes noch präzisiert werden. Wir nehmen dazu an, daß die Feldbedingungen während eines, evtl. sehr kleinen, Zeitraumes konstant bleiben. Dies braucht nicht zu bedeuten, daß darin überhaupt keine Änderungen stattfinden, sondern nur, daß diese für das System S nicht kausal relevant sind. Es sei Z' ein Zustand, so daß Z aus Z' und F (deduktiv-nomologisch oder induktiv-statistisch mit einer gewissen Wahrscheinlichkeit) erschließbar ist. Dann soll auch jeder andere Zustand Z'' von S, der entweder Z' zeitlich vorangeht oder zwischen Z' und Z liegt, als vorangehender Zustand gelten, wenn aus Z'' und F ebenfalls Z erschließbar ist. (Im induktiv-statistischen Fall müßte der Schluß zur selben Wahrscheinlichkeitsbeurteilung führen.)

Bei Verwendung der Methoden der Analysis läßt sich der Begriff des vorangehenden Zustandes vermeiden und die eben erwähnte Annahme wird überflüssig.

[46] Wie aus dem Text hervorgeht, wird hier eine Sprache höherer Ordnung benötigt, in der nicht nur über Mengen (Eigenschaften) von Objekten, sondern auch über Klassen von Mengen von Objekten gesprochen werden kann.

$\Phi(S, A, \Gamma, T) =_{Df} \{\mathfrak{F} \mid \bigvee t[$ (t ist nicht später als T) $\wedge$ ($\mathfrak{F}$ ist eine Menge von t-Feldbedingungen bezüglich A) $\wedge \bigvee K$((K ist eine mit A beginnende Zustandsfolge von S) $\wedge K = \varphi(S; \mathfrak{F}, A) \wedge K \in \gamma(T))]\}$

(alltagssprachlich etwa: Φ besteht aus der Klasse der Feldbedingungsmengen zwischen t_0 und t, deren jede so geartet ist, daß alle Kausalketten in S, die mit A beginnen und durch eine dieser Mengen bestimmt sind, Γ-zielerreichend zu T sind. Kürzer und anschaulicher, aber ungenauer ausgedrückt: Die Variationsbreite ist der Spielraum der Außenweltsumstände, innerhalb dessen das System das Ziel Γ erreicht).

Eine entsprechende Klasse $\Phi(S, A, \Gamma)$, die nur von drei Parametern abhängt, kann man dadurch einführen, daß man bezüglich T eine Existenzquantifikation vornimmt: $\bigvee T\, \Phi(S,A,\Gamma,T)$. Hätte man von vornherein auf die zeitliche Beschränkung der Feldbedingungen verzichtet, so wären die Definitionen entsprechend kürzer geworden und die Klasse $\Phi(S,A,\Gamma)$ hätte unmittelbar eingeführt werden können.

Die vom teleologischen Standpunkt aus uninteressanten Fälle sind jene, in denen entweder $\Phi(S,A,\Gamma)$ leer ist oder für jeden Zeitpunkt T nur ein Element aus $\Phi(S,A,\Gamma,T)$ existiert. Im ersten Fall gibt es dann überhaupt keinen durch Gesetze beherrschten Prozeß, der in S mit dem Zustand A beginnt und zu Γ führt. Im zweiten Fall gibt es für jeden Zeitpunkt nur eine derartige Kausalkette in S. In diesen Fällen besitzt S offenbar keine Plastizität des Verhaltens.

Wir sprechen daher einem System nur dann Plastizität des Verhaltens zu, wenn Φ mindestens zwei Elemente enthält. In genauerer Sprache könnten wir etwa die folgenden beiden Begriffe einführen:

S ist *verhaltensplastisch* bezüglich A und $\Gamma =_{Df} \Phi(S,A,\Gamma)$ hat mindestens zwei Elemente.

S ist verhaltensplastisch $=_{Df} \bigvee A \bigvee \Gamma$ (S ist verhaltensplastisch bezüglich A und Γ).

Zu beachten ist, daß in einem verhaltensplastischen System nicht notwendig mehrere verschiedene mögliche Kausalketten existieren müssen, die zum Ziel Γ führen. Zwar muß die Variationsbreite mindestens zwei Elemente aufweisen, aber da φ nicht als umkehrbar eindeutig vorausgesetzt ist, kann u. U. mehreren voneinander verschiedenen Klassen von Feldbedingungen in S *dieselbe* Kausalkette zugeordnet sein, also etwa $K = \varphi(\mathfrak{F}_1) = \varphi(\mathfrak{F}_2)$ mit $\mathfrak{F}_1 \neq \mathfrak{F}_2$.

Schließlich können wir jetzt auch sagen, was unter einer *teleologischen Kausalkette* K in einem System S verstanden werden soll. Eine solche liegt genau dann vor, wenn es ein A und ein Γ gibt, so daß K eine mit A beginnende Kausalkette von S ist, wenn ferner die Variationsbreite

$\Phi(S,A,\Gamma)$ mindestens zwei Elemente enthält, also das System S bezüglich A und Γ verhaltensplastisch ist, und wenn schließlich eine Menge $\mathfrak{F}$ von Feldbedingungen aus Φ existiert, so daß $K = \varphi(\mathfrak{F})$.

Systeme mit Plastizität des Verhaltens sollen als *P-Systeme* bezeichnet werden. Die angedeutete Explikation dieses Begriffs könnte als *Skizze für eine rein kausale Analyse der hartnäckigen Zielverfolgung oder der Zielerreichung unter variierenden äußeren Umständen* bezeichnet werden.

Verschiedene Qualifikationen des eingeführten gedanklichen Schemas wären möglich. Zunächst könnte man versuchen, diesen rein theoretischen Begriff der Verhaltensplastizität durch eine Reihe von „realistischeren" Begriffen zu ersetzen, für welche nicht nur der abstrakte Begriff der Feldbedingungen benützt wird, sondern außerdem die Chance Berücksichtigung findet, mit der es zu einer Realisierung dieser Feldbedingungen kommt. Ferner könnte man daran denken, eine *Gradabstufung* vorzunehmen, nämlich von einer größeren oder geringeren Verhaltensplastizität zu sprechen, je nachdem, wieviele Elemente zu Φ gehören[47]. Die oben verlangte Mindestanzahl 2 bildet nur eine unterste theoretische Grenze. Tatsächlich werden wir bei einer relativ geringen Variationsbreite häufig gar nicht geneigt sein, die teleologische Sprechweise anzuwenden, wie das folgende Beispiel zeigt.

Es sei ein System S gegeben, das u. a. 3 Teile I, II und III enthalte. Jeder der Teile I und II kann durch willkürlichen äußeren Eingriff in zwei verschiedene Zustände I_1, I_2 bzw. II_1, II_2 gebracht werden. Der dritte Teil ist ebenfalls zweier Zustände fähig, die aber auf Grund eines inneren Mechanismus des Systems eindeutig durch die beiden Teilzustände von I und II festgelegt sind. Der Einfachheit halber setzen wir voraus, S sei ein diskretes Zustandssystem. Um die Vorstellung konkreter zu machen, nehmen wir etwa an, die Teile I und II seien zwei Schalter, die zweier gleichartiger Zustände fähig sind: jeder der beiden Schalter kann entweder nach oben oder nach unten gekippt sein. III sei eine Lampe. Ferner seien eine Stromquelle sowie Leitungen vorhanden. Das Ganze sei so angeordnet, daß die Lampe genau dann brennt, wenn die beiden Schalter in verschiedene Richtungen gekippt sind. Falls also beide nach oben oder nach unten gekippt sind, brennt die Lampe nicht. Da wir uns nur für die Lage der Schalter sowie den Zustand der Lampe interessieren, gibt es für das Gesamtsystem vier verschiedene Zustandsarten, die sich aus den Zuständen der 3 Teile zusammensetzen: (1) Z_1: beide Schalter nach oben gekippt; Licht aus. (2) Z_2: Schalter I nach unten, Schalter II nach oben gekippt; Licht an. (3) Z_3 beide Schalter nach unten gekippt; Licht aus. (4) Z_4: Schalter I nach oben, Schalter II nach unten gekippt; Licht an. Als die vier Arten von Feldbedingungen interessieren uns nur die möglichen Tätigkeiten des Kippens eines der beiden oder beider Schalter: kein Schalter wird gekippt; Schalter I allein wird

[47] Vermutlich würde aber ein solcher Gradbegriff in etwas komplizierterer Weise einzuführen sein.

gekippt; Schalter II allein wird gekippt; beide Schalter werden gekippt. Wir beziehen in die Diskretheitsannahme die Umgebung von S ein, so daß z. B. während einer Sekunde stets nur einer dieser Prozesse durchgeführt werden kann. Ist der Zustand von S zu einer Zeit t gegeben und sind auch die Feldbedingungen für t bekannt, so ist der Zustand zu $t+1$ eindeutig bestimmt.

Ist der Anfangszustand zur Zeit t_1 bekannt (z. B. der Zustand Z_1, d. h. mit nicht brennender Lampe), so ist eine mit diesem Zustand beginnende Kausalkette K eindeutig durch die Klasse der Feldbedingungen zu den auf t folgenden Zeiten bestimmt. Wollen wir den Zustand zu t_{n+1} kennen, so muß neben dem Anfangszustand die Klasse der n Feldbedingungen zu t_1 bis t_n gegeben sein (z. B. t_1: Schalter I wird gekippt; t_2 Schalter II wird gekippt; t_3: beide Schalter werden gekippt usw.). Γ sei jenes Merkmal des dritten Systemteiles, das im Brennen der Lampe besteht (dieses Γ kann natürlich ebensogut als Merkmal des Gesamtzustandes aufgefaßt werden). K möge Γ-zielerreichend zu t_{n+1} sein, d. h. also zu t_{n+1} möge die Lampe brennen. Wie man unmittelbar erkennt, gibt es voneinander verschiedene Klassen von t_n-Feldbedingungsmengen mit demselben Anfangszustand Z_1, die alle Γ-zielerreichende Kausalketten für t_{n+1} in S erzeugen. Diese Kausalketten sind voneinander verschieden. Man beachte, daß sogar voneinander verschiedene Gesamtzustände von S zu t_{n+1} möglich sind, bei denen das Merkmal Γ realisiert ist. Denn da dieses Merkmal allein im Brennen der Lampe besteht, können damit für die beiden anderen Systemteile zwei Konstellationen verbunden sein: (a) Schalter I nach oben, Schalter II nach unten gekippt; (b) Schalter II nach oben, Schalter I nach unten gekippt. Da $\Phi(S,Z_1,\Gamma,t_{n+1})$ somit mehrere Elemente enthält, muß das System als verhaltensplastisch bezeichnet werden.

Wir erhalten jetzt übrigens auch eine Illustration dafür, wie eine Kausalkette K durch eine genetische Erklärung, also durch eine Folge von deduktiv-nomologischen Erklärungsschritten, analysiert werden kann. Es möge etwa „$z(t_i) = Z_k$" eine Abkürzung sein für die Aussage „der Zustand des Systems zum Zeitpunkt t_i ist gleich Z_k" und „$\mathrm{I}(t_i)$" bzw. „$\mathrm{II}(t_i)$" mögen die Aussagen symbolisieren, daß zum Zeitpunkt t_i der Schalter I bzw. der Schalter II gekippt wird. Der erste und letzte Schritt in der genetischen Erklärung sehen dann etwa so aus:

$$\frac{\begin{array}{l} z(t_1) = Z_1 \wedge \mathrm{I}(t_1) \\ \wedge i\,[(z(t_i) = Z_1 \wedge \mathrm{I}(t_i)) \rightarrow z(t_{i+1}) = Z_2] \end{array}}{z(t_2) = Z_2}$$

$$\vdots$$

$$\frac{\begin{array}{l} z(t_n) = Z_3 \wedge \mathrm{I}(t_n) \\ \wedge i\,[(z(t_i) = Z_3 \wedge \mathrm{I}(t_i)) \rightarrow z(t_{i+1}) = Z_4] \end{array}}{z(t_{n+1}) = Z_4}$$

Die Conclusio eines Argumentationsschrittes bildet jeweils das erste Konjunktionsglied in der ersten Prämisse des folgenden Argumentes. Die Gesetze, die in der zweiten Prämisse auftreten, sind von vornherein gegeben. Das zweite Konjunktionsglied der ersten Prämisse, welches die jeweilige Feldbedingung beschreibt, ist dagegen nicht ableitbar, sondern muß als unerklärtes Faktum hinzugefügt werden. Die Kette bildet also einen Fall einer *historisch*-genetischen Erklärung.

Wie dieses Beispiel zugleich lehrt, ist der Begriff der Verhaltensplastizität noch zu allgemein, um alle für einen „teleologischen Mechanismus" charakteristischen Merkmale zu erfassen: ein verhaltensplastisches System im Sinn von BRAITHWAITE „kennt" zwar mehrere Wege, um ein Ziel zu erreichen, verhält sich aber bei der Zielerreichung völlig „passiv". Es ist der Umgebung, d. h. der Klasse der vorgegebenen Feldbedingungen, ausgeliefert. Sind die letzteren im Hinblick auf die Erreichung des Γ-Zieles ungünstig, so kann das System „aus eigener Initiative" nicht verhindern, daß das Ziel nicht erreicht wird. Um den Kern der Sache näher zu kommen, muß daher eine Spezialisierung auf solche Systeme vorgenommen werden, die über eine Regulationsvorrichtung verfügen.

5.c Selbstregulationssysteme. Mit dem Phänomen der Selbstregulation haben sich seit der Antike Philosophen, Naturforscher und Techniker beschäftigt. Ganz allgemein und abstrakt formuliert, handelt es sich dabei darum, daß ein System ein Merkmal G zu erhalten tendiert *trotz äußerer Störungen*, welche diese Eigenschaft zu beseitigen drohen. Daß eine Regulation von dieser Art ohne äußeren Eingriff erfolgen kann, hat immer wieder das Erstaunen von Denkern hervorgerufen. Und je mehr Selbstregulationsvorgänge entdeckt wurden, vor allem im Bereich der organischen Natur, um so größer wurde das Staunen. Man sah zunächst keine Möglichkeit, solche Sachverhalte anders zu charakterisieren als mit Hilfe von teleologischen Erklärungsschemata. Wenn G das Merkmal bestimmter Zustände ist, in denen sich das System befinden kann, so besteht eine Störung in der Überführung in einen G-fremden Zustand. Die Rückkehr in einen G-Zustand scheint dann die *Endursache* für die vom System ausgelöste Aktivität zu bilden, welche zu einer Kompensation der Außenweltsstörung führt.

Seit man daran gegangen ist, physikalische Systeme zu konstruieren, die das Verhalten von Organismen nachahmen oder die sogar höhere geistige Leistungen wie komplizierte logische Denk- und Rechenvorgänge, vollbringen, hat sich mehr und mehr die Auffassung durchgesetzt, daß eine *rein kausale Analyse* solcher Vorgänge möglich sein müsse, mag auch heute eine derartige Analyse noch an faktische Grenzen stoßen. Selbst wenn es einmal gelingen sollte, für *alle* typischen Lebensvorgänge simulierende Automaten zu konstruieren, so wäre dies nicht einem strengen Beweis dafür gleichzusetzen, daß alle Arten von organischen Prozessen mit Hilfe der heute bekannten physikalisch-chemischen Gesetzmäßigkeiten allein erklärt werden könnten. Doch würde damit die *Möglichkeit* einer solchen Erklärungsweise vor Augen geführt werden. Der Wissenschaftstheoretiker kann die Beantwortung der Frage: „Sind alle Arten von Selbstregulationsvorgängen auf nichtteleologische Weise erklärbar?" dagegen nicht auf eine unbestimmte Zukunft verschieben. Er steht sozusagen unter dem Druck der Notwendigkeit: Da Erklärungen mit Hilfe von Endursachen, sofern sie nicht in eine andere Sprechweise übersetzbar sind, Pseudoerklärungen darstellen, und da die Annahme der Existenz zielbewußter, das Geschehen lenkender Wesen auf eine empirisch unhaltbare primitive Gespensterhypothese hinauslaufen würde, muß es prinzipiell möglich sein, für *alle* Selbstregulationsvorgänge eine „kausale Analyse" in dem Sinn zu geben, daß sämtliche in dem Regulationsprozeß vorkommenden Teilvorgänge aus Antecedensbedingungen und mit Hilfe von deterministischen oder statistischen Gesetzmäßigkeiten erklärbar sind. Die Analyse von Selbstregulationsvorgängen bildet außerdem in gewissem Sinn auch eine notwendige Ergänzung zur Diskussion der Funktionalanalyse. Denn wie wir dort feststellten, muß sich ein funktional-analytisches Argument, sofern es für prognostische Zwecke benützt wird, auf eine Selbstregulationshypothese stützen. Die Frage, ob der Gehalt einer Funktionalanalyse in nichtteleologischer Weise ausdrückbar ist, kann damit erst dann als endgültig beantwortet werden, wenn über die früheren Andeutungen hinaus eine Klarheit über die fragliche Art von Selbstregulation besteht.

E. Nagel hat versucht, ein möglichst allgemein gehaltenes gedankliches Schema für ein „kausales" Verständnis der Selbstregulation zu entwerfen. Wir werden später weitgehend an dieses Schema anknüpfen[48]. Zuvor sei der Sachverhalt durch Hinweise auf einige elementare Beispiele erläutert. Solche Beispiele finden sich im weiten Bereich der Natur wie menschlicher Aktivität.

Eines der ältesten und zugleich der einfachsten technischen Geräte, welches einem Selbstregulationszweck nutzbar gemacht wurde, ist der Wattsche Dampfregulator. Er hat die Aufgabe, die Energiezufuhr in der Form von Dampfzufuhr ständig mit dem Energiebedarf einer Dampfmaschine ins Gleichgewicht zu bringen. Da es sich um ein besonders anschauliches und leicht verständliches Beispiel handelt, sei eine kurze schematische Skizze eingefügt (s. S. 596).

Die Welle W des Dampfregulators ist durch Zahnräder Z mit der Dampfmaschine verbunden. Läuft die letztere schneller, so bewegt sich auch W rascher. Mit W sind zwei gleichgroße Pendel P_1 und P_2 gelenkig verbunden, die an ihrem Ende jeweils dasselbe Gewicht G tragen. Die gelenkige Verbindung garantiert, daß sich die Pendel heben und senken können. Bei rascher Drehung von W z. B. heben sich die Pendel unter dem Einfluß der

[48] [Science], S. 411 ff. Für eine stärkere Formalisierung dieses Gedankens vgl. W. Stegmüller, [Teleologie], Abschn. 3, S. 19—33.

Fliehkraft. Mittels der Gestänge S wird diese Hebung bzw. Senkung auf die Muffe M übertragen, die ihrerseits durch die Hebel H mit der Klappe K im Dampfzufuhrrohr R verbunden ist. Diese Verbindung ist von solcher Art, daß K bei abwärtsgehendem M mehr geöffnet, also der horizontalen Lage stärker angenähert wird, während sich K bei aufwärtsgehendem M

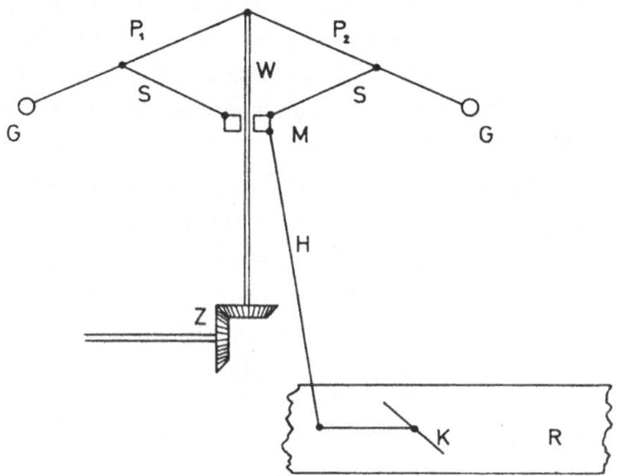

mehr schließt, also sich der senkrechten Stellung annähert. Wird die Maschine weniger belastet und steigt ihre Tourenzahl, so erhöht sich die Umdrehungsgeschwindigkeit von W, und über den eben geschilderten Mechanismus wird die Dampfzufuhr durch K gedrosselt. Eine Verlangsamung des Ganges der Maschine ist die Folge. Wird die Maschine dagegen im Verhältnis zu der bisherigen Energiezufuhr zu stark belastet, so daß die Tourenzahl sinkt, so verlangsamt sich auch die Bewegung von W, die Fliehkraft wird geringer, P_1 sowie P_2 und damit M sinken ab, was über die Hebel H eine stärkere Öffnung der Klappe im Dampfzufuhrrohr bewirkt. Es geht mehr Dampf durch das Rohr und der Gang der Maschine wird beschleunigt. Wir haben es hier mit einem sehr einfachen Modellfall eines "negative feedback" zu tun.

Im biologischen Sektor sind Selbstregulationsvorgänge unter dem Namen „*Homöostasis*" bekannt. Bei der *physiologischen Homöostasis* handelt es sich darum, daß ein Organismus, z. B. der menschliche Körper, unter mehr oder weniger stark variierenden Umweltbedingungen gewisse Merkmale unverändert beibehält. Ein Beispiel bildet etwa die Aufrechterhaltung einer relativ konstanten Körpertemperatur trotz Temperaturschwankungen in der Außenwelt. Neben der physiologischen Homöostasis, die sich auf das Geschehen im Inneren eines einzigen Organismus bezieht, findet sich in der Biologie die *Populationshomöostasis*, welche ein Gleichwicht herstellt zwischen der Bevölkerungsdichte einer Species und den verfügbaren Nahrungsquellen. Zahlreiche verschiedene Arten solcher Regulationsvorgänge sind untersucht worden[49]. Ein einfaches Beispiel bildet das Verhältnis von Eulen- und Mäusepopulationen in einem Gebiet, in dem sich die Eulen fast ausschließlich von Mäusen ernähren. Es kommt zu ständigen Oszillationen der Populationszahlen, wobei die eine Kurve der anderen stets nachhinkt: Bei genügendem Nahrungsmittelvorrat vermehren sich die Eulen stärker, und ihre Anzahl wächst, was zur Folge hat, daß mehr Mäuse gefressen werden. Dieser Rückgang in der Anzahl der Beutetiere drückt die Reproduktionsrate der Eulen herab; die Mäuse sind nun wieder weniger Feinden ausgesetzt und können sich stärker vermehren etc.

Im menschlich-sozialen Sektor bildet der sogenannte marktwirtschaftliche Mechanismus das zweifellos eindruckvollste Beispiel eines Selbstregulationsvorganges, der sich allerdings in der Realität bestenfalls approximativ realisieren läßt, da sein adäquates Funktionieren von mehr oder weniger wirklichkeitsfremden, idealen Rationalitätsvoraussetzungen abhängt, welche die beteiligten Wirtschaftssubjekte erfüllen müssen. Die Regulatoren Preis, Lohn, Zins bewirken in allen Bedarfszweigen eine Angleichung der Nachfrage an das Angebot zum Kostenpreis. Der in VI erwähnte Goldmechanismus wäre ein weiteres Beispiel für einen analogen Vorgang der Selbstregulation.

Wir gehen nun dazu über, Selbstregulatoren in allgemeiner und schematischer Weise zu charakterisieren. Ein bestimmtes solches System heiße S. Bezüglich des Zeitparameters machen wir keine ausdrückliche Diskretheitsvoraussetzung. Doch dürfte das Verständnis des Folgenden auch diesmal dadurch erleichtert werden, daß man annimmt, S sei ein diskretes Zustandssystem. Prinzipiell werden aber auch stetige teleologische Systeme in die Betrachtung einbezogen. Die Gesamtheit der nicht zu S gehörenden „äußeren" Faktoren, die auf S einen Einfluß ausüben können, fassen wir summarisch unter der Umgebung U zusammen. Während es sich für gewisse konkrete Anwendungen als empfehlenswert erweisen kann, eine Untergliederung von U vorzunehmen, wollen wir hier darauf verzichten; denn die Vorgänge innerhalb von U sind für das Folgende nur soweit von Belang, als sie auf das Geschehen in S *störend* einwirken. Was heißt hier „Störung"? Um diesen Begriff anwenden zu können, müssen wir von Eigenschaften ausgehen, die das System S zu bestimmten Zeiten besitzen kann. Wir beschränken uns auf *eine* solche Eigenschaft und nennen sie G. Da wir wieder voraussetzen, daß für jeden Zeitpunkt ein Zustand Z des Systems definiert ist, können wir G als Eigenschaft solcher Zustände von S einführen. Über die Natur von G machen wir keine weiteren Annahmen. Insbesondere braucht es sich dabei nicht um ein scharf umrissenes qualitatives oder

---

[49] Vgl. V. C. Wynne-Edwards, [Dispersion].

quantitatives Merkmal zu handeln. So könnte z. B. G ein Temperaturspielraum mit einer festen unteren und oberen Grenze sein. Jeder S-Zustand, dem eine Temperatur innerhalb dieses Spielraums zukommt, besäße dann nach Definition das Merkmal G. Diese Eigenschaft G soll jene sein, die das System „zu erhalten trachtet". Dementsprechend ist unter *Störung* jede Einwirkung von U auf S zu verstehen, auf Grund deren ein G-Zustand von S (d. h. ein Zustand mit der Eigenschaft G) in einen G-fremden Zustand von S (d. h. in einen Zustand ohne dieses Merkmal) übergeht.

Zum Unterschied von der Analyse des vorangehenden Abschnittes ist es diesmal wesentlich, *die innere Struktur* von S zu berücksichtigen. Dabei soll S in solche Teile aufgegliedert werden, die in relativer Unabhängigkeit voneinander eigener Zustände fähig sind und deren Beschaffenheit außerdem für das Vorliegen von G „von kausaler Relevanz" sind. Die Unabhängigkeitsforderung besagt insbesondere, daß zu einem gegebenen Zeitpunkt kein Teilzustand gesetzmäßig durch die übrigen zu diesem Zeitpunkt bestehenden Teilzustände bestimmt ist. S bestehe also etwa aus n Teilen $S^1, \ldots, S^n$, im folgenden auch *Systemteile* genannt. Für jeden Teil läßt sich nach Voraussetzung eine Klasse von Zuständen definieren, deren dieser Teil fähig ist. Eine Kombination von n Teilzuständen – je einen für jedes S^i – liefert einen Gesamtzustand Z von S. Für jedes S^k soll die Klasse seiner möglichen Zustände J^k heißen[50]. Außerdem benötigen wir für jeden Teil S^l eine *Teilzustandsvariable* X^l, die als Werte alle Zustände annehmen kann, deren S^l fähig ist. Die n Klassen $J^1, \ldots, J^n$ sind also genau die Wertbereiche der n Variablen $X^1, \ldots, X^n$. Da wir keine komplexeren Aussagen bilden werden, in denen Variable vorkommen, genügt es, jedem Systemteil eine einzige Variable zuzuordnen. Die Zustände jedes Systemteils, also die Elemente jedes J^k, denken wir uns numeriert. Wenn wir uns nicht auf Systeme von der allgemeinen Struktur der DS-Systeme beschränken, so kann eine solche Klasse J^k aus endlich vielen, abzählbar unendlich vielen, aber auch aus überabzählbar unendlich vielen Elementen bestehen. Für die Bezeichnung der einzelnen Teilzustände müßten wir eigentlich eigene Teilzustandskonstante einführen. Dies geschehe einfach in der Weise, daß die Symbole für Teilzustandsvariable mit entsprechenden unteren numerischen Indizes versehen werden: X^k sei also die S^k zugeordnete Teilzustandsvariable, X^k_j dagegen jene Teilzustandskonstante, welche den Zustand mit der Nummer j des Systemteiles S^k bezeichnet. Unter der *Zustandsmatrix* von S werde der (n+1)-gliedrige Ausdruck

$$(1) \qquad (X^1, \ldots, X^n, t)$$

---

[50] Bei gewissen formalen Präzisierungen könnte sich ergeben, daß S^k von J^k ununterscheidbar wird, da S^k als Klasse seiner Zustände definiert wird.

verstanden. Dabei ist t die Zeitvariable, die je nach dem Charakter des Systems eine stetige oder eine diskrete Größe bildet. Ein bestimmter Zustand von S wird durch eine *zulässige Spezialisierung* dieser Matrix bezeichnet. Diese Spezialisierung liefert eine bis auf die n Systemteile genaue Kenntnis des Systemzustandes Z. Für den Zeitpunkt t_v z. B. würde eine solche Spezialisierung so aussehen:

$$(2) \qquad (X^1_{i_1}, \ldots, X^k_{i_k}, \ldots, X^n_{i_n}, t_v).$$

Von *zulässiger* Spezialisierung sprechen wir deshalb, weil es wesentlich ist, daß für alle n Teile $S^1, \ldots, S^n$ jeweils nur Werte aus den Bereichen $J^1, \ldots, J^n$ genommen werden dürfen. Andererseits ist auch *jede* solche Wertekombination zulässig. Darin kommt lediglich die Forderung der Unabhängigkeit der Teilzustände zum Ausdruck: Es soll ja einerseits kein Wert einer Teilzustandsvariablen für einen gegebenen Zeitpunkt eine eindeutige Funktion der Werte sein, die andere Teilzustandsvariable zu diesem Zeitpunkt annehmen, andererseits aber auch durch solche Werte nicht ausgeschlossen werden.

Zur Designation des Merkmales G verwenden wir diesen Buchstaben „G" selbst. Da es sich um eine Eigenschaft von Systemzuständen handeln soll, solche Systemzustände aber mit hinreichender Genauigkeit durch geeignete zulässige Spezialisierungen der Zustandsmatrix beschrieben werden, können wir formal „G" als Prädikat einführen, dessen zugehörige Argumentausdrücke aus Zustandsmatrizen bestehen. Daß der durch die obige Spezialisierung der Matrix charakterisierte Zustand von S ein G-Zustand ist, wird daher so ausgedrückt:

$$(3) \qquad G(X^1_{i_1}, \ldots, X^k_{i_k}, \ldots, X^n_{i_n}, t_v).$$

Wenn in einem Kontext der Zeitpunkt sowie die Teilzustände irrelevant sind, so bezeichnen wir einen Gesamtzustand einfach mit Z und schreiben statt (3): $G(Z)$.

Von praktischem Interesse werden allein solche Fälle sein, in denen das Merkmal G nur einigen zulässigen Gesamtzuständen zukommt. Es soll daher erstens vorausgesetzt werden, daß die Eigenschaft G nicht allen überhaupt zulässigen S-Zuständen zukommt, sowie zweitens, daß es mindestens zwei voneinander verschiedene zulässige S-Zustände (d. h. also zulässige Kombinationen von Teilzuständen) gibt, welche die Eigenschaft G besitzen. Ist der Satz (3) falsch, so sagen wir, daß der durch (2) designierte S-Zustand ein *G-fremder* Zustand ist.

Das wesentliche Moment an der Selbstregulation besteht darin, daß in das System ein *Kompensationsmechanismus* eingebaut ist, der, an einem spezielleren Fall illustriert, folgendermaßen arbeitet: Wenn auf Grund einer Störung ein Teilzustand so geändert wird, daß dadurch das vorher in einem

G-Zustand befindliche System in einen G-fremden Zustand übertritt, so ändern sich andere Teilzustände so lange, bis die schließlich erreichte Teilzustandskombination wieder einen S-Zustand mit dem Merkmal G darstellt. Nicht immer wird jedoch eine solche Kompensation möglich sein: Wenn gewisse Teilzustände bestimmte Zustandswerte erreicht haben, wird keine wie immer geartete Variation der Teilzustände der übrigen Systemteile wieder einen G-Zustand herstellen können. Nehmen wir an, die k Teilzustände $X^{j_1}_{i_{j_1}}, \ldots, X^{j_k}_{i_{j_k}}$ seien von dieser Art. Wenn also die Stellen $j_1, \ldots, j_k$ der Zustandsmatrix mit diesen speziellen festzuhaltenden Werten besetzt sind, so sollen nach Voraussetzung sämtliche Sätze von der Art (3) falsch sein, die dadurch entstehen, daß man an den übrigen Stellen der Zustandsmatrix irgendwelche zulässigen Werte für die dortigen Teilzustandsvariablen einsetzt. Wir sagen dann, daß diese k Teilzustände zur *G-k-Ausschlußklasse* gehören.

Im Beispiel der Homöostasis der menschlichen Körpertemperatur sei etwa G das Merkmal, eine Körpertemperatur zwischen 36° und 38° C zu besitzen. Die Zustände verschiedener Systemteile, d. h. hier: Teile des menschlichen Organismus, wie etwa der peripheren Blutgefäße, der Schilddrüse etc., sind für diese Eigenschaft von kausaler Relevanz. Es kann nun der Fall sein, daß einer dieser Teile, etwa die Schilddrüse, in einen solchen Zustand gerät, daß G für keine mögliche Kombination von Zuständen der übrigen relevanten Teile des menschlichen Körpers realisiert werden kann. In unserer Sprechweise würde dann der Zustand der Schilddrüse zur G-1-Ausschlußklasse gehören.

Wenn ein solcher S-Zustand Z gegeben ist, daß darin k Teilzustände vorkommen, die zur G-k-Ausschlußklasse gehören, so fehlt nicht nur diesem bestimmten Zustand Z das Merkmal G, sondern auch allen anderen denkbaren S-Zuständen, in denen die erwähnten k Teilzustände festgehalten, die übrigen aber beliebig variiert werden. Trotzdem kann in S ein Mechanismus eingebaut sein, welcher einen derartigen Zustand Z in einen Zustand Z' mit G (Z') überführt. Dazu muß aber mindestens ein zur G-k-Ausschlußklasse gehörender Teilzustand geändert werden. Ist eine solche Veränderung unmöglich, weil dem System S ein geeigneter Mechanismus fehlt, so gehört das k-tupel jener Teilzustände zur *G-k-Vernichtungsklasse*. Diesen letzteren Begriff werden wir jedoch im weiteren nicht benötigen.

Wir machen weiterhin eine Determinationsannahme, die aber etwas komplizierter zu formulieren ist als die analoge Annahme für die im vorigen Abschnitt angeführten P-Systeme. Ein gegebener S-Zustand sei durch die vorangehenden Zustände sowie durch die Umgebungseinflüsse U bestimmt. Gewisse Änderungen von U können ohne Einfluß auf den Zustand von S sein. Sie sind dann „nicht kausal relevant" für S. Solange U konstant bleibt oder nur solchen Änderungen unterworfen ist, die ohne kausale Relevanz für *S* sind, wird die Zustandsfolge innerhalb von *S* durch den Mechanismus von *S*, d. h. durch die für *S* geltenden ***internen Gesetze*** allein bestimmt. Daneben aber können Änderungen von Teilzuständen von *S* durch Änderungen in *U*, ***Störungen*** genannt, hervorgerufen werden. Hat eine solche Änderung stattgefunden, so bestimmen wieder die internen Gesetzmäßigkeiten den weiteren Ablauf, bis eine neue Störung eintritt usw.

Der Leser kann an dieser Stelle zur Illustration auf die diskreten Zustandssysteme zurückgreifen und entsprechende Verallgemeinerungen vornehmen. Wir hatten dort für jene Systeme vorausgesetzt, daß sie abgeschlossen sind, so daß keine äußeren Eingriffe für das Geschehen in einem solchen System von Relevanz sind. Die in der charakteristischen Matrix eines DS-Systems zusammengefaßten Gesetze sind daher ausnahmslos interne Gesetzmäßigkeiten im jetzigen Sinn. Wir geben nun die Abgeschlossenheitsannahme preis und lassen zu, daß für jeden gegebenen Zeitpunkt *t* durch äußeren Eingriff oder durch äußere Einwirkung Zustände verwirklicht werden können, die von jenen abweichen, welche sich auf Grund des vorangehenden Zustandes sowie der internen Gesetzmäßigkeiten einstellen würden. Ist eine solche Zustandsverwirklichung durch äußeren Eingriff aber einmal eingetreten, so ist der nun folgende Ablauf wieder durch die in der charakteristischen Matrix enthaltenen Gesetze bestimmt, es sei denn, daß eine neuerliche Störung von außen eintritt. Nur Störungen von der eben beschriebenen Art sind ins Auge zu fassen, nicht dagegen radikalere Eingriffe, welche z. B. die internen Gesetzmäßigkeiten (den „inneren Mechanismus") ändern, das System beschädigen oder sogar zerstören. In der Sprechweise des vorigen Abschnittes ist ein Systemzustand auch noch von den „Feldbedingungen" abhängig oder nicht, je nachdem, ob störende Eingriffe vorliegen oder ob das Systemgeschehen durch die internen Gesetzmäßigkeiten bestimmt ist. Die zweite Verallgemeinerung, die wir am früheren Modellbeispiel der DS-Systeme vorzunehmen haben, ist durch die obige Schilderung bereits zum Ausdruck gekommen: Der Begriff eines Zustandes *Z* von *S* zur Zeit *t* wird nicht als ein unanalysierter Begriff verwendet, sondern als ein komplexer Begriff. *Z* ist also immer erst dann festgelegt, wenn die Zustände der *n* Systemteile bestimmt sind.

Solange wir uns an diesem Modell orientieren, machen wir zwei einschränkende Voraussetzungen: die Diskretheits- und die Determinationsannahme. Die Verallgemeinerung auf den kontinuierlichen sowie auf den nicht streng deterministischen Fall ist im Prinzip ohne weiteres möglich. Es ist dann zu beachten, daß bei Vorliegen statistischer Gesetzmäßigkeiten die im folgenden angeführten Kompensationsvorgänge nicht mit Sicherheit, sondern nur mit größerer oder geringerer Wahrscheinlichkeit eintreten werden.

Wir beziehen uns jetzt auf einen Ausgangszeitpunkt t_0 und nehmen an, daß sich das System zu diesem Zeitpunkt in einem G-Zustand $Z_0 = (X_0^1, \ldots, X_0^n, t_0)$ befindet – der in der folgenden Diskussion als fest vorgegeben betrachtet wird –, daß also gilt: $G(Z_0)$. Es würde genügen, die allgemeinere Annahme zu machen, daß der Zustand Z_0 auf Grund der internen Gesetze von S zu einem späteren Zeitpunkt in einen G-Zustand übergeht. Es erfolge nun eine kausal relevante Änderung der Umgebungszustände, die S in einen G-fremden Zustand Z_1 überführen. Um nicht einen allzu komplizierten Symbolismus verwenden zu müssen, nehmen wir an, daß nur der erste Systemteil S^1 von der Störung tangiert wird und daß dadurch X_0^1 in X_1^1 übergeht, also $Z_1 = (X_1^1, X_0^2, \ldots, X_0^n, t_1)$. Es werde weiter vorausgesetzt, daß X_1^1 nicht zur G-1-Ausschlußklasse gehört (sonst wäre der folgende Vorgang unmöglich). Das System möge so konstruiert sein, daß sich auf Grund der internen Gesetze von S folgendes ereignet:

Der Zustand Z_1 wird in einen Zustand Z_2 übergeführt, so daß

(1) der erste Teilzustand X_1^1 unverändert bleibt;

(2) die übrigen Teilzustände ganz oder teilweise in andere Zustände übergeführt werden, etwa: $X_{i_2}^2, \ldots, X_{i_n}^n$;

(3) der so entstehende Gesamtzustand $Z_2 = (X_1^1, X_{i_2}^2, \ldots, X_{i_n}^n, t_2)$ wieder ein G-Zustand ist: $G(Z_2)$.

Wir bezeichnen diesen Fall als den der *G-Fremdkompensation* in bezug auf den gestörten Teilzustand. Von Fremdkompensation sprechen wir deshalb, weil nicht an dem Systemteil S^1, bei dem die Störung einsetzte, sondern bei den übrigen Systemteilen Veränderungen stattfinden, die wieder zu einem G-Zustand führen. Dieser G-Zustand ist von dem ursprünglichen verschieden. Die Fremdkompensation bildet vermutlich den wichtigsten Fall einer Kompensationsmöglichkeit und auch den *einzigen* Fall, wenn die Störung andauert und vom System S selbst nicht beeinflußt werden kann. Die Rückkehr zu einem Zustand mit dem Merkmal G stellt einen typischen Selbstregulationsvorgang dar. Für seine Erklärung werden jedoch keine teleologischen Begriffe benötigt. Wenn die internen Gesetzmäßigkeiten von S gegeben sind und ebenso die Gesetze, denen die Störungsvorgänge unterliegen, bekannt sind, so sind die einzelnen Phasen dieses Regulationsprozesses im Sinn des Gesetzesschemas erklärbar. Der Gesamtvorgang (Störung, Kompensationsprozeß, Wiederherstellung eines G-Zustandes) wird mittels einer *genetischen Erklärung* gedeutet. Je nach der Natur der beteiligten Gesetzmäßigkeiten stellen die einzelnen Erklärungsschritte kausale oder statistische Erklärungen dar.

Wir haben eine ganz bestimmte Änderung des ersten Teilzustandes angenommen. Die Kompensation bezog sich auf diese spezielle Änderung. Es sei nun K_1 die Klasse aller X_i^1, d. h. aller jener Zustände des ersten Systemteiles, so daß $(X_i^1, X_0^2, \ldots, X_0^n)$ kein G-Zustand ist, ohne daß die darin vorkommenden S^1-Zustände zur G-1-Ausschlußklasse gehören. Dann kann S so eingerichtet sein, daß *in allen diesen Fällen*, also für jeden derartigen X_i^1-Wert, auf Grund der internen Gesetzmäßigkeiten von S, eine Fremdkompensation einsetzt, die das System wieder in einen G-Zustand überführt. K_1 enthalte etwa k Elemente. Da die Kompensationsvorgänge davon abhängen, *welcher* S^1-Zustand auf Grund der Störung realisiert wurde, können die durch diese Gesetzmäßigkeiten hervorgerufenen Teilzustände der übrigen Systemteile als Funktionen des Wertes i aufgefaßt werden. Wir erhalten also k Zustandsmatrizen von der Art $(X_i^1, X_{f_2(i)}^2, \ldots, X_{f_n(i)}^n)$ mit $G(X_i^1, X_{f_2(i)}^2, \ldots, X_{f_n(i)}^n)$. Dies bedeutet also: Für jede der k verschiedenen möglichen Arten von Störungen, die X_0^1 in ein X_i^1 aus K_1 überführt und somit den Gesamtzustand des Systems in einen G-fremden Zustand verwandelt, ist ein geeigneter Kompensationsvorgang vorgesehen, der an den übrigen Systemteilen einsetzt und deren Teilzustände so verändert, daß ein S-Zustand Z mit $G(Z)$ realisiert wird.

Was hier soeben am Beispiel des Systemteiles S^1 illustriert wurde, ist in analoger Weise auf die Störungen von Zuständen anderer Systemteile übertragbar. Ferner lassen sich diese Betrachtungen ohne weiteres für jene Fälle verallgemeinern, in denen gleichzeitig mehrere Teilzustände von einer Störung betroffen werden.

In den oben beschriebenen Situationen kann es sich (muß es sich aber nicht) so verhalten, daß in keinem dieser Fälle ein G-Zustand realisiert worden wäre, wenn der erste Teilzustand weiterhin der Zustand X_0^1 geblieben wäre. Genauer ausgedrückt: Für alle i, welche die Bedingung erfüllen, daß X_i^1 zu K_1 gehört, gilt $\neg\, G(X_0^1, X_{f_2(i)}^2, \ldots, X_{f_n(i)}^n)$ mit den oben angegebenen Funktionen $f_2, \ldots, f_n$. Darin käme besonders deutlich zum Ausdruck, daß es sich um einen *Kompensations*vorgang handelte. Denn alle angegebenen möglichen Veränderungen der Teilzustände von $S^2, \ldots, S^n$ hätten das System in einen G-fremden Zustand übergeführt, wenn nicht vorher der erste Teilzustand X_0^1 durch Störung in einen davon verschiedenen Zustand X_i^1 überführt worden wäre.

Sind die internen Gesetzmäßigkeiten teilweise statistischer Natur, so sind zwei Hauptklassen von Fällen zu unterscheiden. Entweder treten die geeigneten Kompensationsvorgänge nur mit einer gewissen Wahrscheinlichkeit ein. Dann besteht keine Sicherheit, daß nach erfolgter U-Störung wieder ein G-Zustand hergestellt wird. Oder eine Kompensation erfolgt zwar „mit deterministischer Notwendigkeit". Es stehen jedoch mehrere Möglichkeiten für eine Fremdkompensation zur Wahl, deren jede nur mit einer gewissen, von 1 verschiedenen Wahrscheinlichkeit realisiert wird, während die Wahrscheinlichkeit dafür, daß es mindestens zu einem dieser Kompensationsprozesse kommt, 1 beträgt. Es würde keine Schwierigkeiten bereiten, diesen Sachverhalt in den oben verwendeten Symbolismus einzubauen.

Die Situation ist eine völlig andere, wenn die Störung des ersten Teilzustandes durch die Umgebung einen Zustand Z von S erzeugt, der zur G-Ausschlußklasse gehört. Dann ist eine Fremdkompensation unmöglich geworden, da alle denkbaren Variationen der restlichen Teilzustände wieder nur zu einem G-fremden Zustand führen. Die Zurückführung in einen G-Zustand kann dennoch unter der Voraussetzung erfolgen, daß in S ein andersartiger Kompensationsvorgang einsetzt, den wir als *Eigenkompensation* bezeichnen. Ein für S geltendes internes Gesetz macht in diesem Fall die unmittelbare Auswirkung der Störung *in dem gestörten Systemteil selbst* so weit wieder rückgängig, daß ein G-Zustand hergestellt wird. Dazu ist es nicht erforderlich, daß der gestörte Systemteil in seinen ursprünglichen Zustand zurückkehrt; doch ist die Wiederherstellung des vor der Störung bestehenden Gesamtzustandes ein spezieller Fall der Eigenkompensation.

Schließlich ist auch eine Kombination aus beiden Fällen denkbar: die *gemischte Kompensation*. Hier setzt auf Grund der internen Gesetzmäßigkeiten von S ein Kompensationsvorgang ein, der sowohl die gestörten wie die von der Störung nicht betroffenen Teilzustände so variiert, daß das System wieder in einen G-Zustand übergeht. Eigenkompensation und gemischte Kompensation sind die beiden einzigen Möglichkeiten, wenn die durch die U-Störung hervorgerufenen k Teilzustände der G-k-Ausschlußklasse angehören. (Sollten sie zur G-k-Vernichtungsklasse gehören, so fielen auch diese beiden Kompensationsmöglichkeiten fort).

In vielen Anwendungsfällen wird so etwas wie eine Eigenkompensation nicht zur Anwendung gelangen können oder gänzlich unwirksam bleiben, weshalb dieser Begriff auch weniger wichtig ist als der der Fremdkompensation. Immer dann nämlich, wenn die U-Störung keine momentane ist, sondern für eine gewisse Zeit anhält, wird sie die gestörten Systemteile in ihren neuen Zuständen „festnageln" bzw. einen bei diesen Teilzuständen selbst einsetzenden Kompensationsvorgang sofort wieder zunichte machen. Auch die partielle Eigenkompensation, wie sie in der gemischten Kompensation stattfindet, wird oft nicht möglich sein. Beispiele aus der Biologie, wie die Homöostasis, werden daher gewöhnlich nur Illustrationen für die Fremdkompensation liefern. Wo immer dagegen nur momentane Störungen erfolgen oder, was der interessantere Fall ist, eine Möglichkeit der „Rückwirkung" auf die störenden Faktoren besteht, kommen diese beiden anderen Kompensationsfälle in Frage. Ein Illustrationsbeispiel bietet der

Preismechanismus in einer freien Verkehrswirtschaft. G sei das Merkmal, das einem Zustand einer bestimmten Volkswirtschaft genau dann zukommt, wenn dieser ein streng definierbarer ökonomischer Gleichgewichtszustand ist. Als Störung eines im Gleichgewicht befindlichen marktwirtschaftlichen Wirtschaftssystems müßte jede Änderung der den Wirtschaftsablauf bestimmenden Daten angesprochen werden, z. B. eine Erhöhung der Nachfrage nach einer Art von Verbrauchsgütern V auf Grund des Beschlusses eines Teils der Bevölkerung, für diese Art von Konsumartikeln einen höheren Teil des Einkommens aufzuwenden. Die Nachfrageerhöhung führt zu einer Preissteigerung, die eine Reihe von Kompensationsvorgängen hervorruft. Zu dem, was wir Fremdkompensation nannten, würden alle unternehmerischen Maßnahmen gehören, wegen der vergrößerten Gewinnchancen beim Verkauf von Gütern der Art V die Produktion von V-Gütern zu erhöhen. Daneben aber wird es im Normalfall zu einer teilweisen Eigenkompensation kommen, die sich in einer Reduktion der Nachfrage nach V-Gütern auf Grund der Preiserhöhung äußert. Einerseits werden einige der Konsumenten, die durch Änderung ihrer Nachfragegewohnheiten die Preissteigerung auslösten, ihre Nachfrage nach V-Gütern auf Grund der Preiserhöhung teilweise wieder rückgängig machen; zum anderen wird es zu einem Nachfragerückgang auf Grund der Preiserhöhung beim restlichen Bevölkerungsteil kommen. Zugleich zeigt dieses Beispiel, daß das obige Schema nur als rohe Approximation aufzufassen ist. Denn wegen der zahlreichen „Interdependenzen" zwischen den ökonomischen Größen erschöpft sich der Regulationsprozeß nicht in den angedeuteten Veränderungen. Vielmehr kommt es zu zahlreichen weiteren, an Bedeutung und Stärke sukzessive abnehmenden Ausgleichsprozessen, bis ein Zustand des ökonomischen Gleichgewichtes hergestellt ist.

Zwischen den Zuständen eines Systemteils könnte prinzipiell eine Ordnung nach Ähnlichkeit, evtl. sogar eine metrische Ordnung, eingeführt werden. In diesem Fall wäre es möglich, die verschiedenen Begriffe der Kompensation nicht nur als qualitative Begriffe, sondern als komparative oder sogar als quantitative Begriffe zu verwenden. Man könnte dann etwa davon reden, daß bei einem gemischten Kompensationsprozeß der Grad an Eigenkompensation geringer sei als bei einem anderen, während es sich bezüglich der Grade der Fremdkompensation umgekehrt verhielte usw.

Den Begriff der „kausalen Relevanz" eines Systemteils S^i von S für das Merkmal G haben wir bisher nur intuitiv verwendet. Seine präzise Definition bietet keine Schwierigkeiten. Der Einfachheit halber beziehen wir uns wieder auf den ersten Systemteil S^1. Die Wendung „S^1 ist *kausal relevant* für die Zustandseigenschaft G von S" soll gleichbedeutend sein mit der folgenden Feststellung: „Es gibt eine feste Kombination von $n-1$ Teilzuständen $X^2_{i_2}, \ldots, X^n_{i_n}$ der übrigen Systemteile und zwei Zustände

X^1_j und X^1_k ($j \neq k$) des Systemteils S^1, so daß ($X^1_j, X^2_{i_2}, \ldots, X^n_{i_n}$) ein G-Zustand ist, ($X^1_k, X^2_{i_2}, \ldots, X^n_{i_n}$) hingegen kein G-Zustand". Um von kausaler Relevanz von S^1 bezüglich G sprechen zu können, muß also mindestens für eine zulässige Variation des ersten Systemteils bei festgehaltenen übrigen Systemteilen das Gesamtsystem aus einem G-Zustand in einen G-fremden Zustand übergehen oder umgekehrt. Der Begriff der kausalen Relevanz ist für die Art der auf S anzuwendenden Analyse bestimmend: Das System braucht nur in solche Teilsysteme analysiert zu werden, die in bezug auf die zu erhaltende Eigenschaft G von kausaler Relevanz sind.

Wir bezeichnen nun ein System S als *Selbstregulator* (kurz: als *R-System*) bezüglich einer Zustandseigenschaft G, die einigen, jedoch nicht allen S-Zuständen zukommt, wenn S auf solche Weise in eine Anzahl n von Systemteilen, die für G kausal relevant sind, analysiert werden kann, daß Störungen von G-Zuständen (Überführung von G-Zuständen in G-fremde Zustände durch U-Einwirkungen) in gewissen Fällen durch eine der drei an den n Systemteilen eingreifenden Arten von Kompensationsvorgängen behoben werden.

In vielen praktischen Anwendungen werden wir es mit Systemen zu tun haben, die nicht nur in bezug auf ein einziges Merkmal G, sondern in bezug auf mehrere Eigenschaften $G_1, \ldots, G_k$ Selbstregulatoren darstellen. Zahl und Art der Systemteile, in die das System zu analysieren ist, werden im allgemeinen je nach der betrachteten Eigenschaft verschieden sein; doch können sich diese Untergliederungen teilweise decken.

Der Sinn der vorangehenden Analyse läßt sich folgendermaßen zusammenfassen: Bevor diese Analyse erfolgte, waren wir genötigt, den Begriff des Selbstregulators mit Hilfe teleologischer Redewendungen zu charakterisieren. Wir mußten sagen, daß das System Zustände mit dem Merkmal G „zu erhalten trachte"; daß es „bestrebt sei", in einem G-Zustand zu verbleiben; daß es im Fall von Störungen „die Tendenz zeige", diese Störungen durch ein bestimmtes Verhalten wettzumachen. Demgegenüber wurde ein Begriff des Selbstregulators eingeführt, in dessen Definition keine teleologischen Begriffe eingehen. Die Analyse ist soweit durchgeführt worden, daß außerdem klar wurde: die einzelnen Abschnitte der Störungsvorgänge sowie der sich daran anschließenden Kompensationsprozesse sind ausnahmslos erklärbar durch Anwendungen geeigneter Spezialisierungen des kausalen oder statistischen Erklärungsschemas, wobei in keinem einzigen dieser Schritte in den Antecedensbedingungen von Zielintentionen die Rede ist. Die ursprünglichen teleologischen Erklärungen eines mehr oder weniger komplexen Vorganges der Störung und des Ausgleichs werden damit ersetzt durch *nichtteleologische Erklärungsketten*, also durch genetische Erklärungen von teils kausalem, teils statistischem Typus.

Von dem damit prinzipiell gelösten Problem, ob es möglich sei, Selbstregulationsvorgänge ohne teleologische Begriffe zu charakterisieren, ist die andere Frage methodisch scharf zu trennen, ob in einem bestimmten Einzelfall ein System von der Struktur eines *R*-Systems vorliege. Dies kann nur durch empirische Untersuchungen entschieden werden. Was gezeigt wurde, war ja nur, daß Selbstregulatoren ohne zugrundeliegende Zielintentionen *möglich* sind, nicht aber, daß an keinem derartigen Regulationsvorgang zielbewußtes Handeln beteiligt ist. Was als ein System mit finaler Steuerung ausgegeben wird, kann sich bei genauer Prüfung als ein „Schwindel" erweisen; z. B. wenn sich herausstellt, daß die angebliche Selbstregulation durch zunächst verborgen gebliebene sukzessive menschliche Eingriffe erfolgt. In dieser Feststellung kommt nur die Tatsache zur Geltung, *daß die Eigenschaft, ein Selbstregulator* (von dieser und dieser Art) *zu sein, keine unmittelbar beobachtbare Eigenschaft ist, sondern ein dispositionelles Attribut*, in dessen Definition mehr oder weniger komplizierte funktionelle Abhängigkeiten und Gesetzmäßigkeiten eingehen.

Zwei empirische Wissenschaftsbereiche haben sich in zunehmendem Maße mit den verschiedensten Formen der Selbstregulation beschäftigt: die moderne Biologie (insbesondere die Molekularbiologie und die Genetik)[51] sowie die Kybernetik. Im einen Fall geht es um in der Natur vorgefundene Systeme, im anderen Fall hauptsächlich um die künstliche Schaffung neuer: „Der Biologie möchte existierende Systeme verstehen. Der Ingenieur möchte neue Systeme bauen".[52] Daneben haben sich auch Logiker, insbesondere im Zusammenhang mit dem sogenannten Entscheidungsproblem, mit bestimmten Formen von Automaten beschäftigt, die selbsttätig gewisse Funktionen erfüllen können. Da uns diese Untersuchungen einen zunehmend tieferen Einblick in die Natur von Selbstregulationssystemen gewährten, zum Teil uns deren Verständnis überhaupt erst ermöglichten, sei über einige dieser Resultate kurz referiert. Wir beschränken uns dabei auf gewisse logische und kybernetische Forschungsergebnisse. Weitere Beispiele, etwa über Informationsspeicherung oder über das Simulieren von Wahrnehmungsvorgängen[52a], könnten hinzugefügt werden. Da für uns diese Resultate nur vom Standpunkt des Teleologieproblems aus relevant sind, können wir darauf verzichten, auf technische Details einzugehen. Was uns interessiert, ist lediglich eine *prinzipielle* Einsicht in die Möglichkeit exakter naturwissenschaftlicher Erklärungen von Vorgängen, die lange Zeit hindurch für „typisch organisch" oder für „typisch geistig" gehalten worden sind.

5.d Simulation von logischen Operationen durch Automaten. Zu den bedeutendsten Einsichten der modernen Automatentechnik gehört es, daß

---

[51] Für eine anschauliche und klare Schilderung vieler wichtiger hierhergehörender biologischer Resultate vgl. W. WEIDEL [Virus].

[52] K. STEINBUCH, [Automat], S. 200.

[52a] Vgl. H. STACHOWIAK, [Denken], S. 14 ff.

sich auch höhere geistige Leistungen durch Maschinen simulieren lassen. Seit es geglückt war, die logischen Denkprozesse zu formalisieren, bestand die prinzipielle Möglichkeit, sie durch geeignete Automaten nachzuvollziehen. Wir beschränken uns auf eine kurze Erläuterung anhand von aussagenlogischen Verknüpfungsoperationen. Betrachten wir die folgende Tabelle:

x	y	z
0	0	0
1	0	1
0	1	1
1	1	1

Tabelle 1

Wir interpretieren zunächst x, y und z als Aussagen. 0 bedeute den Wahrheitswert F (falsch) und 1 den Wahrheitswert W (wahr). Dann stellt die Tabelle 1 die Wahrheitstafel für das nichtausschließende „oder" (die nicht-ausschließende *Adjunktion* oder *Disjunktion*) dar. z ist genau dann falsch, wenn sowohl x wie y falsch ist; in allen anderen Fällen ist z wahr. In symbolischer Abkürzung würde z also dasselbe besagen wie $x \vee y$.

In einer zweiten Interpretation geben wir dieser Tabelle eine technische Deutung mittels eines elektrischen Modells. Gegeben sei ein Stromkreis, der über eine Batterie eine Lampe versorgt. In dem Stromkreis sind zwei Schalter angebracht, die *parallel geschaltet* sind. Dies gewährleistet, daß die Lampe brennt, wenn auch nur einer der beiden Schalter geschlossen ist. Das Symbol x wird nun als sogenanntes „binäres Signal" gedeutet, welches dem ersten Schalter zugeordnet ist: $x=0$ besage, daß der Schalter 1 offen ist; $x=1$, daß er geschlossen ist. In genau derselben Weise wird y als ein dem Schalter 2 zugeordnetes binäres Signal interpretiert. $z=1$ besage, daß die Lampe brennt; $z=0$, daß die Lampe nicht brennt:

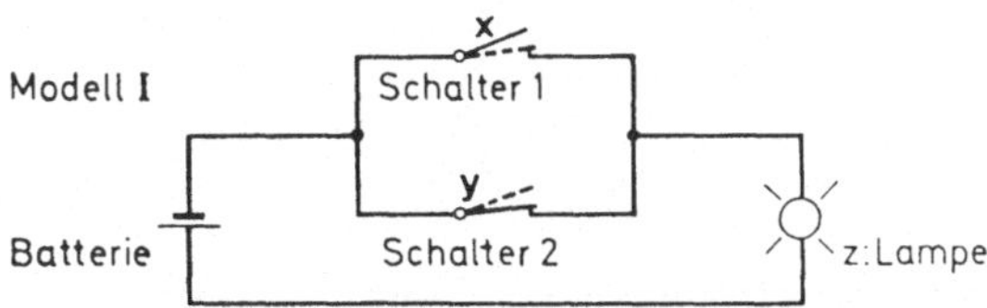

Die gestrichelten Linien deuten mögliche andere Lagen des Schalters an. Da der Schalter 2 in dem Bild als geschlossen angenommen wird, brennt die Lampe. Der metatheoretischen Aussage „eine Adjunktion ist genau dann wahr, wenn mindestens eines der beiden Adjunktionsglieder wahr ist" entspricht somit die Feststellung „die Lampe brennt im Modell I genau dann, wenn mindestens einer der beiden Schalter 1 oder 2 geschlossen ist".

Ersetzt man die Parallelschaltung durch eine *Hintereinanderschaltung*, so erhält man das elektrische Modell der *konjunktiven* Verknüpfung: z entspricht hier der Aussage $x \wedge y$, welche genau dann wahr ist, wenn beide Satzkomponenten x und y richtig sind. Auf das mechanische Modell II übertragen, besagt diese Feststellung, daß die Lampe genau dann brennt, wenn beide Schalter geschlossen sind. Obwohl der Schalter 2 hier z. B. geschlossen ist, brennt die Lampe nicht.

x	y	z
0	0	0
1	0	0
0	1	0
1	1	1

Tabelle 2

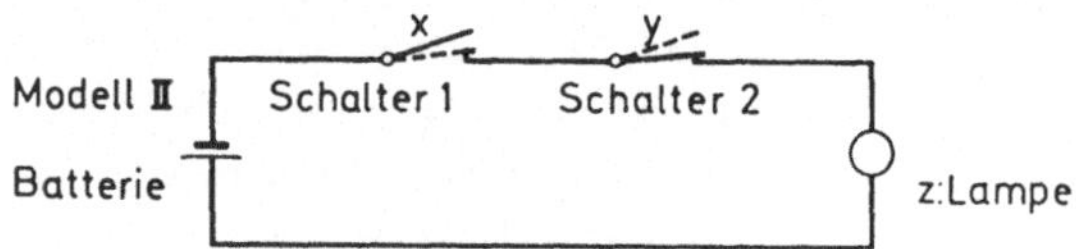

x	z
0	1
1	0

Schließlich betrachten wir noch den Fall der *Negation:* Die Negation $z = \neg x$ kehrt den Wahrheitswert eines Satzes um. Im technischen Modell muß daher der Zustand 0 (offen) des binären Signals in den Zustand 1 (geschlossen) verwandelt werden und umgekehrt. Dies kann man sich schematisch etwa so vorstellen:

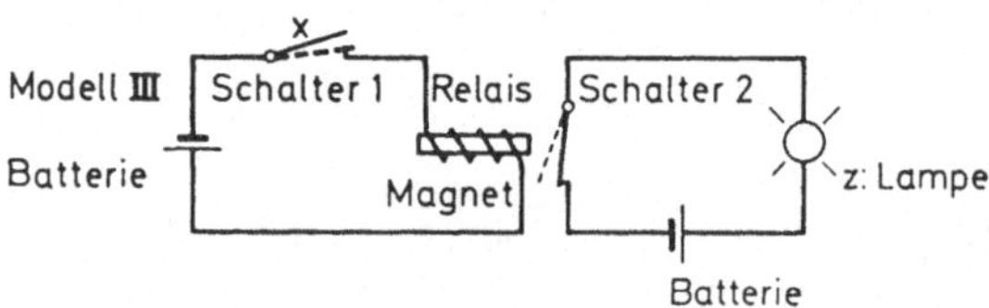

Für $x=1$ ist der erste Stromkreis geschlossen und der Elektromagnet des Relais bewirkt, daß der Schalter 2 geöffnet wird. Dann ist der zweite Stromkreis geöffnet und die Lampe brennt nicht. Im vorliegenden Beispiel ist $x=0$, der erste Stromkreis also nicht geschlossen und der Elektromagnet nicht in Tätigkeit. Daher ist der zweite Kreis geschlossen und die Lampe brennt. (Wir setzen hier voraus, daß der zweite Schalter automatisch, z. B. mittels einer Feder, geschlossen wird, wenn im ersten Kreis kein Strom fließt.) Dies entspricht dem Sachverhalt, daß die ursprüngliche Aussage falsch und daher ihre Negation richtig ist.

Diese Modelle dienen nur zur Veranschaulichung der prinzipiellen Möglichkeit des Simulierens logischer Operationen durch Automaten. Bei dem heute erreichten Stand der Technik werden die entsprechenden Systeme nicht aus Schaltern und Relais gebildet, sondern bestehen aus sogenannten elektronischen Schaltelementen[53].

5.e Maschinelle Durchführung beliebiger Rechenoperationen: Turing-Maschinen. Logische Denkvorgänge bilden nicht die einzige Klasse von rationalen Operationen, die sich maschinell nachahmen lassen. Die Rechenoperationen stellen eine weitere derartige Klasse dar. Die Idee zur Präzisierung des Begriffs der effektiven Berechenbarkeit durch Angabe des Aufbaus und der Funktionsweise von Maschinen, welche diese Berechnungen durchführen, geht auf den Logiker A. M. TURING zurück. Seine Untersuchungen haben sich als von größter Bedeutung für die logisch-mathematische Grundlagenforschung erwiesen. Die Theorie der Turing-Maschinen bildet den anschaulichsten und überzeugendsten Zugang zur sogenannten Theorie der rekursiven Funktionen, in welcher u. a. alle wichtigen Unentscheidbarkeitstheoreme der Logik und Mathematik gewonnen wurden. Darüber hinaus hat diese Theorie das Vorbild für verschiedene analoge gedankliche Konstruktionen abgegeben, z. B. für die später angeführten Maschinen J. v. NEUMANNs. Wir beschränken uns darauf, kurz die inhaltlichen Überlegungen zu schildern, die TURING zu seinen Definitionen der Rechenmaschine und der berechenbaren Funktion führten[54].

Den Ausgangspunkt bildet die *Analyse* und *Normierung* des Verhaltens eines Rechners, dem eine bestimmte Funktion vorgegeben ist und der die Aufgabe hat, den Wert der Funktion für ein vorgegebenes Argument zu berechnen.

Gewöhnlich benützen wir beim Rechnen eine zweidimensionale Fläche, um darauf *Reihen* und *Kolonnen* von Zeichen aus einem vorgegebenen Alphabet aufzuschreiben. Das Alphabet enthält z. B. Ziffernsymbole, arithmetische Operationssymbole, das Gleichheitszeichen, Interpunktionszeichen etc. Eine einfache Überlegung lehrt, daß das Arbeiten mit einem zweidimensionalen Rechenfeld nicht wesentlich ist. Man kann solche Operationen stets so ausführen, daß sie nur in einer Dimension verlaufen. Die erste Normierung des Rechenverhaltens besteht also in der Annahme, daß der Rechner mit einem *eindimensionalen Rechenband* arbeitet. Dieses Rechenband sei in gleich große Felder unterteilt. Eine zweite Normierungsforderung lautet, daß *in jedes Feld höchstens ein Symbol* aus dem vorgegebenen Alphabet eingetragen werden darf. Es bedeutet keine wesentliche Einschränkung, anzunehmen, daß das *Alphabet endlich* ist.

---

[53] Vgl. dazu K. STEINBUCH, a. a. O., S. 55.

[54] Für eine vorzügliche Einführung in den formalen Aufbau dieser Theorie und ihrer Anwendungen vgl. das Buch von H. HERMES, „Aufzählbarkeit, Entscheidbarkeit, Berechenbarkeit", Berlin 1961.

Das Verhalten eines jeden Rechners ist u. a. durch das bestimmt, was er auf seinem Rechenfeld sieht. Größere Reihen und Kolonnen vermögen wir mit einem Blick nicht zu überschauen. Um die Gleichheit oder Ungleichheit solcher größeren Symbolkomplexe festzustellen, muß der Rechner sie stückweise miteinander vergleichen. Das Rechenverhalten soll nun weiter so normiert werden, daß die Zeit *in gleiche diskrete Einheiten* zerlegt wird und daß der Rechner während einer solchen Zeiteinheit stets *nur ein einziges Feld beobachten* kann.

Wir machen die weitere Voraussetzung, daß es sich um einen *endlichen Rechner* handelt. Dies bedeutet zweierlei: Der Rechner darf *nicht* in der Lage sein, *eine* („aktual") *unendliche Reihe von Zeichen effektiv zu durchlaufen.* Außerdem muß sein *Gedächtnis* imstande sein, eine beliebig große, endliche Anzahl endlicher Zeichenreihen als Zwischen- oder Endresultate seiner Berechnungen zu speichern. Eine weitere Endlichkeitsannahme findet ihren konkreten Niederschlag darin, daß man voraussetzt, der Rechner sei *nur einer endlichen Anzahl verschiedener geistiger Zustände* fähig. Wenn man dies in die Maschinensprache übersetzt, so lautet es: die fragliche Rechenmaschine soll nur endlich vieler (Maschinen-) Zustände fähig sein. Die Annahme komplizierterer Geisteszustände läßt sich übrigens stets in der Weise vermeiden, daß eine größere Anzahl von Symbolen auf das Rechenband geschrieben wird.

Eine letzte Normierung betrifft schließlich die Art der Durchführung der Rechenoperationen: Wir setzen voraus, daß die Rechnungen *schrittweise* vorgenommen werden. Ein einzelner Rechenschritt besteht dabei aus einer der drei folgenden Arten von Handlungen:

(a) Das auf dem jeweils beobachteten Feld stehende Symbol *löschen* oder ein anderes Symbol an dessen Stelle *schreiben* oder das beobachtete Feld *unverändert* lassen. Jedesmal kann damit eine Änderung des Gedächtniszustandes verbunden sein.

(b) Von dem jeweils beobachteten Feld *einen Schritt nach rechts oder einen Schritt nach links gehen*, so daß das betreffende unmittelbare Nachbarfeld zum neuen beobachteten Feld wird. Wieder kann mit einer solchen Operation eine Änderung des Gedächtniszustandes verbunden sein.

(c) Stehenbleiben, d. h. die Rechenoperation *stoppen*.

Alle Rechenoperationen, die irgendein endlicher Rechner durchzuführen vermag, können von einem Rechner vollzogen werden, dessen Verhaltensweise in dem soeben geschilderten Sinn normiert ist. Es bietet keine Schwierigkeiten, die eben geschilderten Gedanken zu formalisieren. Diese Formalisierung ist es, welche zum Begriff der Turing-Maschine führt. Das Verhalten einer derartigen Maschine kann vollständig charakterisiert werden durch die sogenannte Maschinentafel, d. h. eine endliche Tabelle, in der für jeden vorgegebenen Zustand, in dem sich die Maschine befindet, und für jedes gerade beobachtete

Symbol festgelegt ist, welche Art von Operationen die Maschine durchzuführen hat und in welchen neuen Zustand sie übergeht.

Turing-Maschinen können für beliebig komplizierte Funktionen konstruiert werden, vorausgesetzt, daß diese Funktionen überhaupt berechenbar sind. Interessanterweise lassen sich alle komplexeren Turing-Maschinen als *Kombinationen* einiger weniger *Elementarmaschinen* aufbauen. Eine solche Elementarmaschine tut z. B. nichts anderes als daß sie ein einziges Symbol druckt und dann stehen bleibt oder daß sie einen einzigen Schritt nach rechts geht und stehen bleibt.

Eine spezielle Turing-Maschine ist zunächst immer einer ganz bestimmten berechenbaren Funktion zugeordnet. Unter Benützung des sogenannten Arithmetisierungs- oder Gödelisierungsverfahrens ist es jedoch möglich, *universelle Turing-Maschinen* zu konstruieren. Jede spezielle Turing-Maschine läßt sich durch eine einzige Zahl charakterisieren: die Gödelzahl dieser Maschine. Eine universelle Turing-Maschine arbeitet nun in der Weise, daß sie für eine beliebige vorgegebene Gödelzahl einer speziellen Maschine das Verhalten dieser letzteren Maschine genau simuliert.

Erkenntnistheoretisch wichtig ist das Resultat, daß eine universelle Turing-Maschine alle Rechenoperationen durchführen kann, die ein endlicher Geist zu bewältigen imstande ist.

5.f Außenweltskommunikatoren. Verschiedene Formen von sogenannten „Lernenden Automaten"[55]. Denk- und Rechenautomaten sind typische Beispiele von *programmgesteuerten* Maschinen. Die Maschinentafel enthält das Programm, das ihr Konstrukteur in sie eingebaut hat. Wird ihnen eine bestimmte Aufgabe gestellt, z. B. einen Funktionswert für ein gegebenes Argument zu berechnen oder gewisse logische Umformungen vorzunehmen, so führen sie diese Aufgabe nach dem vorbestimmten Programm aus. Sie tun dasselbe, was auch ihr Erbauer getan hätte, mit dem Unterschied, daß sie meist wesentlich sicherer und schneller arbeiten.

Von diesen „starren" Systemen sind solche Automaten zu unterscheiden, die mit der Außenwelt in ständige *Kommunikation* treten und zwar zu dem Zweck, auf Grund der von dieser Außenwelt erhaltenen Informationen ihr Verhalten sukzessive *zu verbessern*, also *aus der Erfahrung zu lernen*. Hier muß der Konstrukteur zwar festgelegt haben, nach welchen exakten Kriterien die Bewertung des Verhaltens als *besser* oder *schlechter* erfolgt. Er braucht hingegen nicht imstande zu sein, die endgültige Verhaltensweise des Automaten vorauszusagen.

Die primitivste Form eines derartigen Systems könnte man „*Außenweltsexperimentator*" nennen. Wir führen dafür die Abkürzung K_1-*System* ein. Um die Schilderung anschaulicher und kürzer zu gestalten, wollen wir

[55] Für eine eingehendere Schilderung, auch der technischen Details, vgl. hierzu K. Steinbuch, [Automat], insbesondere Kap. 13.

uns hier wie im folgenden gelegentlich einer bildhaften Ausdrucksweise bedienen, die prinzipiell ohne Mühe in eine präzisere Sprechweise übersetzt werden könnte. Dann handelt es sich bei K_1-Systemen um Automaten, die so lange mit der Außenwelt experimentieren, bis sie selbst die optimale Verhaltensweise herausgefunden haben.[56] Der Automat verfügt über eine *Eingabe* E und eine *Ausgabe* A. Er ist ferner imstande, in einem *Informationsspeicher* J auf dem Wege über E gewonnene Informationen aufzubewahren. Weiter benötigt er einen *Überprüfer* $Ü$ sowie einen sogenannten *Testwertgeber* TW. Im Gegensatz zu den programmgesteuerten Maschinen, welche die ihnen über E erteilten Aufträge (Informationen) passiv verarbeiten, wird ein K_1-System über TW selbst aktiv und in seinem weiteren Verhalten durch Prozesse zwischen E und A bestimmt: Der Testwertgeber erteilt sukzessive *provisorische* Verhaltensbefehle, die über A zu einem kausalen Effekt in der Außenwelt führen. Über E wird die „Reaktion" der Außenwelt beobachtet. Der provisorische Befehl sowie die dazugehörige Außenweltsreaktion werden in J festgehalten. Angenommen, TW habe n verschiedene Befehle erteilt, wobei jeder neue Befehl erst dann ergeht, wenn die Information über die Außenweltsreaktion auf den vorangehenden Befehl in J aufgespeichert worden ist. Diese n Ergebnisse gelangen von J zum Überprüfer $Ü$, der auf Grund des in ihn eingebauten mechanischen *Bewertungsverfahrens* entscheidet, welcher provisorische Befehl im Hinblick auf die durch E beobachtete Reaktion der Außenwelt der vorteilhafteste war. Ist diese Entscheidung getroffen worden, so wird der Maschine der weitere Befehl erteilt, dieses so ausgezeichnete Verhalten als endgültiges künftiges Verhalten zu wählen. Bereits für diese einfache Form von Systemen ergibt sich das interessante Resultat, „daß der Automat einen Optimalzustand annimmt, welchen sein Konstrukteur vorher gar nicht kannte, eventuell im Prinzip gar nicht berechnen kann".[57]

Die verhältnismäßige Primitivität von K_1-Systemen äußert sich darin, daß sie auf ein *effektives* Experimentieren mit der Außenwelt angewiesen sind, was u. U. für das System selbst nachteilige Folgen hat, da es durch die Außenweltsreaktionen beschädigt oder sogar zerstört werden kann. Eine höhere Form von Außenweltskommunikatoren – wir wollen sie *K_2-Systeme* nennen – ist erreicht, wenn die Experimente gar nicht mit der realen Außenwelt vorgenommen werden, sondern mit einer in den Automaten eingebauten Außenweltsnachahmung, dem sogenannten *internen Modell der Außenwelt IMA*. Der Eingabe E und der Ausgabe A entsprechen in dem Modell E' und A'. Die provisorischen Befehle von TW ergehen zunächst nur an das Modell: Sie werden nicht über A, sondern über A' geleitet und es wird über E' die *mutmaßliche* Reaktion der Außenwelt überprüft. Im

[56] Für graphische Schemata dieser und anderer lernender Automaten vgl. Steinbuch, a. a. O., Abb. 97, 98 und 101.

[57] Steinbuch, a. a. O., S. 197.

übrigen verläuft das weitere Verhalten analog zum vorigen Fall: Nachdem die möglichen Verhaltensweisen in bezug auf die von ihnen zu erwartenden Wirkungen überprüft worden sind, wird das mutmaßlich optimale Verhalten über A effektiv an die Außenwelt weitergeleitet. Von mutmaßlichen Reaktionen oder zu erwartenden Wirkungen muß man hier deshalb sprechen, weil das interne Modell vom Konstrukteur in den Automaten als ein unveränderliches Teilsystem eingebaut worden ist, so daß der Automat sozusagen nun die Gedanken seines Erbauers über die Außenwelt nachvollzieht. *Dem wirklichen Verhalten wird ein „Experimentieren in Gedanken" vorgeschaltet und das günstigste Resultat dieser gedanklichen Experimente wird realisiert.* Natürlich können dem Konstrukteur bei der Errichtung von *IMA* Fehler unterlaufen sein. Zu einem vollkommenen Verhalten eines K_2-Systems kommt es nur dann, wenn die zwischen A' und E' verlaufenden Prozesse genaue Abbilder des Geschehens sind, das zwischen A und E tatsächlich ablaufen würde.

Die technische Verwirklichung solcher Systeme erfolgt mit Hilfe von sogenannten „*Optimalwertkreisen*". Im einfachsten, d.h. im eindimensionalen Fall, läßt sich dieser etwa so beschreiben: Durch *TW* werden die innerhalb gewisser Grenzen liegenden provisorischen Befehle $x(t)$ (stetig oder unstetig) erteilt[58]. Dem *IMA* plus *Ü* entspricht eine sogenannte *Bewertungsschaltung*, durch welche jedem $x(t)$ ein Funktionswert $B(x(t))$ zugeordnet wird. Die Feststellung der mutmaßlichen Außenweltsreaktion sowie deren Bewertung wird also durch eine Funktion B vorgenommen, die als numerische Funktion konstruierbar ist. Für jedes von *TW* ausgegebene x wird der Wert $B(x)$ in J aufgespeichert. Wurden von *TW* alle zulässigen Werte von x durchlaufen, so wird durch einen weiteren Speicher, auch *Abgriffspeicher* genannt, jener Optimalwert x_ω herausgegriffen, für den durch B der günstigste Wert ermittelt wurde, d. h. für den der Funktionswert $B(x)$ ein Maximum bildete[59]. Dieses x_ω bestimmt das endgültige äußere Verhalten des K_2-*S*ystems.

Die den K_2-Systemen noch immer anhaftende Starrheit wird in einem dritten Systemtyp überwunden, dem wir den abkürzenden Namen „K_3-*System*" geben. Hier liegt das interne Modell der Außenwelt nicht ein für allemal fest, sondern es wird durch einen Systemteil *MP* (Modellprüfer) sukzessive verbessert. In einem Bild gesprochen: Der Automat lernt, seine

---

[58] In den meisten praktischen Anwendungen werden die von *TW* ausgegebenen provisorischen Signale *systematisch* variiert. Es gibt aber auch Fälle, in denen eine *Zufallsvariation* eingebaut ist.

[59] Falls *TW* stetige Signale abgibt und B zweimal differenzierbar ist, so ist der Optimalwert x_ω jener Wert, für den die erste Ableitung B' von B null ergibt und die zweite Ableitung B'' negativ ist. Da das Differenzieren eine mechanisch vollziehbare Tätigkeit ist, lassen sich diese Werte maschinell ermitteln. Sollten sich mehrere Maxima ergeben, so muß durch ein weiteres (systematisches oder zufälliges) Verfahren die endgültige Auswahl erfolgen.

„Gedanken über die Außenwelt" auf Grund gemachter Erfahrungen, d. h. auf Grund von Erfolgen und Mißerfolgen der Anwendungen seines *IMA*, in der Richtung auf größere Adäquatheit zu modifizieren. Je nach der Richtigkeit und Unrichtigkeit der durch das interne Modell vorhergesagten Außenweltsreaktion wird der augenblickliche Zustand von *IMA* fixiert oder geändert. Das Ideal wäre hier verwirklicht, wenn die zwischen A' und E' sich abspielenden Prozesse dem Außenweltsverhalten zwischen A und E genau entsprächen. Dazu ist erforderlich, daß alle relevanten „Gedanken über die Außenwelt" durch *IMA* abbildbar sind und daß die „perfekte Erkenntnis", nämlich die Angleichung des Modellverhaltens an das Außenweltsverhalten, wenigstens für diesen begrenzten Bereich als Limes erreichbar ist. Das spezifische Problem für den Bau von K_3-Systemen besteht darin, eine technisch realisierbare Modellprüfungsinstanz zu ersinnen, welche durch ein trial-and-error-Verfahren das Verhalten des internen Modells in Richtung auf das Verhalten der Außenwelt konvergieren läßt.

Konnte der Konstrukteur bei den K_1- und K_2-Systemen nicht voraussagen, welchen Optimalzustand der Automat annehmen wird, so kann er jetzt nicht einmal voraussehen, auf welchem Niveau das interne Modell endgültig fixiert werden wird. Dem entspricht die doppelte Funktion des Lernens durch die Erfahrung, die in K_3-Systemen voll zur Geltung kommt, nämlich in einem ersten Schritt *auf der Basis der gemachten Erfahrungen die Vorstellungen über die Außenwelt zu verbessern*, um dann in einem zweiten Schritt *das Verhalten auf Grund dieses verbesserten Wissens zu erwägen und schließlich zu wählen.*

Die technische Realisierung erfolgt so, daß dem bereits in einem K_2-System anzutreffenden ersten Optimalwertkreis ein zweiter Optimalwertkreis überlagert wird. Im letzteren befindet sich ein neuer Testwertgeber TW^*, dessen Einstellbefehle ξ die dem internen Modell entsprechende Bewertungsfunktion B (siehe oben) verändern können. Ferner wird durch eine *Modellbewertungsfunktion M* für das vom zweiten Testwertgeber vorgegebene ξ der Unterschied $M(\xi)$ zwischen den von A nach E verlaufenden Außenweltsprozessen einerseits und den korrespondierenden, von A' nach E' verlaufenden Vorgängen im Modell andererseits festgestellt. *$M(\xi)$ ist ein Maß für den Modellfehler.* In einem *Erfahrungsspeicher* werden für sämtliche von TW^* herrührenden Signale diese Modellfehler $M(\xi)$, $M(\xi')$, . . . gespeichert. Durch einen Abgriffspeicher wird schließlich der optimale ξ-Wert ξ_ω, bei dem $M(\xi)$ ein Minimum bildet, herausgegriffen; durch ξ_ω wird das interne Modell bzw. die Funktion B endgültig festgelegt. Für ein sinnvolles Funktionieren des ganzen Mechanismus müssen die Operationen der beiden Optimalwertkreise zeitlich aufeinander abgestimmt sein, d. h. der zweite Kreis muß entsprechend langsamer arbeiten als der erste. (Vgl. dazu das graphische Schema bei STEINBUCH, a. a. O., Abb. 101, S. 206.)

Der Erfahrungsspeicher kann in verschiedener Hinsicht verfeinert werden, z. B. durch Einbau eines zusätzlichen Maßes für den Gültigkeitsbereich der Erfahrung oder (und) für die Verläßlichkeit der Erfahrung. Ferner ist die Methode der Optimalwertkreise prinzipiell iterierbar: Man braucht nicht bei der Zahl 2 stehenzubleiben, sondern kann das endgültige Verhalten des Automaten durch eine ganze *Hierarchie* derartiger Optimalwertkreise bestimmt sein lassen.

Systeme von der skizzierten Art zeigen nicht nur, daß sich für die verschiedenen niedrigeren und höheren Formen des Lernens durch Erfahrung physikalische Modelle konstruieren lassen, sondern sie liefern darüber hinaus einen wichtigen Beitrag für die Explikation des Begriffs des Lernens durch die Erfahrung.

5.g Reproduktion und Evolution. Alles bisherige wird vermutlich selbst einen aufgeschlossenen Vitalisten nicht überzeugen. Er wird vielleicht sagen: „Es ist nicht zu leugnen, daß die moderne empirische Forschung, wie z. B. die Molekularbiologie, eine streng naturwissenschaftliche Erklärung gewisser ‚typischer' Lebensvorgänge geliefert hat. Ebensowenig kann bestritten werden, daß es in der Kybernetik geglückt ist, bestimmte organische und geistige Verhaltensweisen zu simulieren. Schließlich ist auch zuzugeben, daß die logische Analyse von bestimmten Formen teleologischer Automatismen die prinzipielle ‚kausale' Deutbarkeit des zielgerichteten Verhaltens dieser Automatismen aufzeigt. Für die wesentlichen und entscheidenden Lebensprozesse, wie z. B. die Reproduktion, aber wurden noch keine befriedigenden herkömmlichen Erklärungen gegeben, die es gestatten würden, auch hier auf teleologische Begriffe ganz zu verzichten. Und was die teleologischen Automatismen betrifft, so bedarf es noch immer des Menschen, um eine solche Maschine zu bauen, was immer diese Maschine dann auch zu leisten imstande sein mag. Automaten, die sich selbst reproduzieren und andere Automaten bauen, sind undenkbar."

Daß dies keineswegs undenkbar ist, hat der Mathematiker J. v. NEUMANN kurz vor seinem Tode nachzuweisen versucht[60]. Er hat die Struktur einer solchen Maschine, die in gewissem Sinn auf einer Verallgemeinerung des Begriffs der Turing-Maschine beruht, beschrieben. Wir begnügen uns mit einer kurzen inhaltlichen Charakterisierung.

Zunächst eine begriffliche Klärung: Was heißt „*Reproduktion*"? Daß sich ein Objekt reproduziert, kann offenbar nicht bedeuten, daß dieses Objekt ein gleichartiges oder ähnliches „aus dem Nichts erzeugt". So etwas brächte keine Maschine zuwege. Aber auch kein Organismus, weder ein primitiver, noch der höchstentwickelte, ist dazu imstande. Einem Wesen

---

[60] Vgl. das im Nachlaß erschienene Werk: J. v. Neumann, *Theory of Self-Reproducing Automata*, edited and completed by A. W. Burks, Urbana and London 1966.

Reproduktionsfähigkeit zuschreiben, heißt nicht, ihm die göttliche Fähigkeit der creatio ex nihilo zuzusprechen. Die für die Reproduktion benötigten *Bausteine* müssen bereits anderweitig *vorhanden* sein; ansonsten würden grundlegende physikalische Erhaltungsprinzipien verletzt werden. Daß Lebendiges sich reproduziert, bedeutet daher etwas Bescheideneres, nämlich daß ein lebender Organismus aus der ihn umgebenden leblosen Materie einen anderen lebenden Organismus aufbaut; schlagwortartig ausgedrückt: *Ordnung wird aus relativer Unordnung erzeugt.*

Wie KEMENY hervorhebt, vermeidet man am besten in diesem Zusammenhang Ausdrücke wie „Leben" oder „lebendig", um nicht auf unsere Frage in trivialer Weise eine negative Antwort zu erhalten: Falls wir erstens darin übereinkommen, daß Maschinen nicht lebendig sind, und zweitens festsetzen, daß die Schaffung von Lebendigem ein wesentliches Merkmal der Reproduktion darstellt, dann ist es per conventionem ausgeschlossen, daß Maschinen sich reproduzieren.

Das Problem muß vielmehr so formuliert werden, ob eine Maschine ein ihr selbst gleiches Gebilde aus einfacheren Teilen zu erzeugen vermag, die sich in ihrer Umgebung befinden. Im Fall menschlicher oder anderer Organismen wird das für die Reproduktion benötigte Rohmaterial aus der Umgebung in der Form von *Nahrung* entnommen. Um je höhere Organismen es sich handelt, um so weniger trifft es dann zu, daß die Nahrung aus „ungeordneter Materie" besteht. Vielmehr handelt es sich dabei selbst um mehr oder weniger hoch organisierte chemische Verbindungen. Nicht um die der Schöpfung aus dem Nichts noch immer verwandte Erzeugung von Ordnung aus totaler Unordnung geht es also, sondern um die Verwandlung niedriger organisierter Materie in höher organisierte. Wenn die Maschine z. B. aus Teilen, wie Drähten, Batterien, Rechenbändern, Schreib- und Löschgeräten, photoelektrischen Zellen etc. besteht, so muß davon ausgegangen werden, daß die die Maschine umgebenden Materiestücke einfacher sind als irgendeiner dieser Maschinenbestandteile. Die Aufgabe der Reproduktionsmaschine ist es dann, solche einfacheren Elemente in Maschinenteile zu transformieren und sie zu einer neuen Maschine zusammenzufügen.

Ähnlich wie TURING führte auch v. NEUMANN eine Reihe von vernünftigen Voraussetzungen ein, die das Problem stark vereinfachen, ohne daß darin für die Lösung des maschinellen Reproduktionsproblems wesentliche Einschränkungen enthalten wären. Zunächst werden gewisse *Diskretheitsannahmen* gemacht. Was den *Raum* betrifft, so wird vorausgesetzt, daß er in gleich große kubische Zellen unterteilt ist, deren jede einer bestimmten *endlichen Anzahl von Zuständen* fähig ist – in v. NEUMANNS Modell waren dies 29 Zustände –, wobei sowohl die letzten Elemente, aus denen die Maschine aufgebaut ist, wie die Grundelemente des umgebenden „Rohmaterials" aus derartigen Zellen bestehen. Eine weitere Vereinfachung wird erzielt durch

Reduktion auf den zweidimensionalen Fall. An die Stelle von Kuben tritt eine Unterteilung der euklidischen Ebene in *quadratische Zellen*. Es wird also sozusagen mit dem Maschinenkorrelat zu den „Beltramischen Wanzen" operiert – jenen zweidimensionalen Wesen, die in naturphilosophischen Abhandlungen gelegentlich zur Veranschaulichung der Erlebnisse in einer nichteuklidischen Umwelt herangezogen werden. Ebenso wird die Zeit in diskrete Einheiten unterteilt; jeder Elementarprozeß muß innerhalb eines solchen Zeitquantums stattfinden. Auch in dieser Hinsicht gleicht die Konstruktion der der Turing-Maschinen: im einen wie im anderen Fall werden die Maschinen als diskrete Zustandssysteme konstruiert. Der Zustand einer gegebenen Zelle ist eine Funktion ihres Zustandes während der unmittelbar vorangehenden Zeiteinheit sowie der Zustände gewisser Nachbarzellen während dieser vorangehenden Zeiteinheit. Schließlich wird die ebenfalls nicht wesentliche Annahme preisgegeben, daß die Maschine imstande ist, sich im Raum zu *bewegen*. Sie verfügt vielmehr über einen Mechanismus von der Art, daß sie die umgebenden Materieteile durch ausgesandte physikalische Impulse, z. B. durch elektrische Impulse, also durch „Fernsteuerung", organisieren kann. Auch diese Einschränkung dient nur der Vereinfachung: Würde sie nicht gemacht werden, so müßte ein eigener Bewegungsmechanismus als Bestandteil der Maschine hinzugedacht werden, was die gestellte Aufgabe komplizieren würde.

Die schematisierte Ausgangsbasis für die v. Neumannschen Betrachtungen ist also die folgende: Der Raum ist eine unendliche euklidische Fläche, die in quadratische Zellen unterteilt ist. Eine Maschine besteht aus einem zusammenhängenden Teil dieser Fläche, der eine große Anzahl solcher Zellen enthält. Da jedes Quadrat genau einen Maschinenteil enthält, ist die Anzahl dieser Zellen zugleich ein Maß für die Komplexität der Maschine. Jede Zelle kann einen Zustand aus einer endlichen Klasse möglicher Zustände annehmen. Die die Maschine umgebenden Zellen befinden sich im Zellenzustand der Leblosigkeit. Diese „tote" Materie ist es, welche die Maschine durch schrittweise Operationen zu organisieren hat.

Die Maschine besteht aus *zwei Hauptteilen*. Der erste Hauptteil ist der *Maschinenkörper*, der seinerseits drei Teile umfaßt: den aus Neuronen bestehenden *Gehirnteil*, einen *Muskelteil* und einen *Nachrichtenübermittlungsteil*. Der Gehirnteil stellt das *logische Kontrollzentrum* dar. Im Fall einer Turing-Maschine würde ihm die eingebaute Maschinentafel entsprechen: Es muß ja ein Zentrum vorhanden sein, welches garantiert, daß jeder einzelne Schritt gemäß den der Maschine gegebenen Instruktionen vollzogen wird. Der Nachrichtenübermittlungsteil besteht aus *Transmissionszellen*, welche die Botschaften des logischen Kontrollzentrums weiterleiten. Diese Zellen haben einen „Eingang", durch welchen sie einen Impuls empfangen können, um ihn eine Zeiteinheit später durch den „Ausgang" weiterzuleiten.

Botschaften werden durch Kanäle von solchen Zellen gesandt. Die Adressaten der von den Neuronenzellen herrührenden und über die Transmissionszellen weitergeleiteten Botschaften bilden die *Muskelzellen.* Während im Fall der Turing-Maschine die gegebenen Instruktionen den Effekt haben, daß gewisse Berechnungen durchgeführt werden, haben diese jetzt die Wirkung, die Muskelzellen zu veranlassen, gewisse Manipulationen an der Materie durchzuführen. In allen diesen drei Bestandteilen arbeitet die Maschine, wie gesagt, schrittweise. Die Neuronen und Transmissionszellen können sich zu einer gegebenen Zeit entweder im Ruhezustand befinden oder sie geben Impulse aus oder leiten diese weiter, wenn sie entsprechend stimuliert wurden. Haben die Muskelzellen Kommandos von den Neuronen über die Transmissionszellen erhalten, so besteht ihre Tätigkeit entweder darin, gewisse ungewünschte Teile „abzutöten", sie also in den Leblosigkeitszustand zu versetzen, oder umgekehrt leblose Zellen aus der Umgebung der Maschine in einen Maschinenteil zu transformieren.

Der zweite Hauptteil enthält die in bestimmter Weise chiffrierten *Instruktionen.* Im Fall einer Turing-Maschine werden diese auf das Rechenband geschrieben. Sie stellen in jedem Fall einen zulässigen Argumentwert für die durch die Turing-Maschine repräsentierte berechenbare Funktion dar. Die Maschine hat dann die Aufgabe, den entsprechenden Funktionswert auszurechnen. Daß dies geschieht, wird von dem der Maschinentafel entsprechenden Kontrollzentrum gewährleistet. Im gegenwärtigen Fall enthalten die Instruktionen nicht Anweisungen zur Berechnung von Funktionswerten, sondern *zur Konstruktion von Maschinen.* Diese Instruktionen können außerordentlich lang sein. Sie befinden sich auf einem dem Maschinenkörper angehängten Schwanz. Im biologischen Analogiebild entsprechen sie dem in den Chromosomen enthaltenen genetischen Code.

Der Maschinenkörper hat *zwei verschiedene Typen von Funktionen* zu verrichten: Erstens muß er die in seinem „Informationsschwanz" chiffriert aufgeschriebenen Instruktionen befolgen und die entsprechenden Konstruktionen durchführen. Zweitens muß er imstande sein, den Schwanz selbst zu kopieren. Das erste geschieht so, daß die Zustände der einzelnen Zellen des Schwanzes sukzessive durch das Kontrollzentrum hindurchlaufen und dieses dann über die Transmissionszellen die entsprechenden Befehle an die Muskelzellen in der Form von Impulsen erteilt.

Angenommen, der Instruktionsteil (Schwanz) der Maschine enthalte eine Beschreibung und damit eine Konstruktionsanweisung des Maschinenkörpers selbst. Dann wird der Maschinenkörper zunächst seine erste Funktion erfüllen und einen ihm gleichen Maschinenkörper aufbauen. Hat er diese Tätigkeit beendet, so geht er dazu über, seinen Schwanz zu kopieren und diesen dem neuen Maschinenkörper anzufügen. Damit ist ein gleichartiger Nachkomme „gezeugt", der seinerseits damit beginnen wird, sich selbst zu reproduzieren.

Für v. Neumanns Maschine ist es nicht wesentlich, daß sie *sich selbst* zu kopieren versucht. Das letztere ist sozusagen nur ein spezieller Fall, der auf einer ganz bestimmten Instruktion beruht. Die Maschine ist vielmehr so geartet, daß sie bei Vorliegen geeigneter Instruktionen eine beliebige andere Maschine bauen kann. Nur wenn auf dem Instruktionsteil der Code für eine Beschreibung einer Maschine anzutreffen ist, die ihr völlig gleicht, kommt es zum Reproduktionsvorgang im eigentlichen Sinn.

Vergleicht man wieder den Informationsschwanz einer derartigen Maschine mit der Chromosomenmenge eines höheren, z.B. des menschlichen Organismus, so entspricht in dieser biologischen Analogie dem Kopieren des Schwanzes die Tatsache, daß die Tochterzellen des Organismus die Chromosomen der Elternzellen kopieren. In quantitativer Hinsicht zeigt sich hier jedoch ein großer Unterschied: Während die Chromosomen nur einen sehr kleinen Teil des Gesamtorganismus ausmachen, ist der Informationsschwanz der v. Neumannschen Maschinen unvergleichlich viel größer als der eigentliche Maschinenkörper. Einem Maschinenkörper von der Größe von 80 bis 400 Quadraten – mehr als soviel werden nicht benötigt – entspricht ein Schwanz mit einer Länge von 150000 Quadraten. Darin zeigt sich, daß das Chiffrierungsverfahren der Chromosomen außerordentlich viel knapper und wirksamer ist. Dabei ist allerdings zu berücksichtigen, daß die Chromosomen in einer Hinsicht weniger zu leisten haben als der Instruktionsteil der v. Neumannschen Maschinen: Dieser Teil enthält eine bis in alle Einzelheiten komplette Beschreibung der aufzubauenden Maschine; jedes neue Exemplar ist ja ein vollständiges Abbild seines Erbauers. Der genetische Code enthält demgegenüber nur eine „unvollständige Baubeschreibung“: die Nachkommen ähneln den Elternorganismen mehr oder weniger, sind aber keine vollkommenen Duplikate von ihnen.

Da die durch Reproduktion entstandenen Maschinen ebenso wie die Elternmaschine den Reproduktionsprozeß fortsetzen, wird schließlich das verfügbare „Rohmaterial“ aufgebraucht. Zu diesem Zeitpunkt oder schon vorher geraten die Maschinen „in Konflikt“ miteinander. Auch in bezug auf den grausigen „Kampf ums Dasein“ imitieren die Maschinen also ihre menschlichen und sonstigen organischen Vorbilder, bis einschließlich zur „Verletzungs-“ und „Tötungsabsicht“: sowie nämlich eine Maschine versucht, das für die Reproduktion benötigte Material den Teilen einer anderen Maschine zu entnehmen.

Neben dem maschinellen Reproduktionsprozeß kann auch ein maschineller *Evolutionsprozeß* konzipiert werden. Der Informationsschwanz kann so geartet sein, daß in jeder Zeiteinheit eine gewisse Anzahl von Zufallsänderungen auf dem darauf stehenden Code stattfindet. Dies wäre das maschinelle Analogon zum biologischen Phänomen der *Mutation*. Sollte die Maschine dann noch immer Nachkommen produzieren können, so würden diese gegenüber der Elternmaschine Veränderungen aufweisen. In der Konkurrenz um den Lebensraum würden die an die Umgebung „besser angepaßten" überleben. In dieser Hinsicht würde dann über mehrere Maschinengenerationen eine *Höherentwicklung* erfolgen. Auch für Mutationen sowie für Vorgänge, die den in der Darwinschen Theorie beschriebenen Prozessen entsprechen, läßt sich somit prinzipiell ein maschinelles Analogon bilden.

Vorläufig war es noch nicht möglich, Maschinen von dieser Art zu bauen. Für uns entscheidend ist jedoch nicht dieser praktische, sondern der theoretische Aspekt. Die Einsicht in die prinzipielle Konstruierbarkeit solcher Automaten ist ein wichtiger Baustein zur Gewinnung der Einsicht in die wissenschaftliche Erklärbarkeit von Lebensvorgängen, wobei diese wissenschaftliche Erklärbarkeit nichts anderes bedeutet als die nichtteleologische Erklärbarkeit mit Hilfe von deterministischen oder statistischen Naturgesetzen.

Nur am Rande sei erwähnt, daß v. NEUMANN sich mit einer Reihe von anderen interessanten Problemen, die das Verhältnis von Automaten und organischen „Vorbildern" betreffen, befaßte und sie einer Lösung zuzuführen versuchte. Eines davon sei hier erwähnt: Für die bis heute bekannten Rechenautomaten gilt, grob gesprochen, noch immer das Prinzip, daß eine Kette niemals stärker ist als ihr schwächstes Glied. Alle Einzelteile einer solchen Maschine müssen mit größter Zuverlässigkeit arbeiten: die Verbindungen zwischen den Einzelteilen müssen haargenau stimmen; jeder in einem Programm enthaltene Befehl muß absolut korrekt sein usw. Ganz anders das menschliche Gehirn: Hier haben wir es mit einem relativ zuverlässig arbeitenden System zu tun, dessen individuelle Komponenten (Neuronen) weder in bezug auf ihre Verknüpfungen noch bezüglich der individuellen Operationen zuverlässig sind. Außerdem arbeitet das Gehirn auch bei Störungen wie Krankheit, Verletzung und Beschädigung selbst größerer Teile bemerkenswert gut weiter. v. NEUMANN hat sich auch für dieses interessante Problem der Zuverlässigkeit eines Komplexes mit unzuverlässigen Teilen verschiedene Lösungen ausgedacht[61].

5.h Leistung und Grenzen der Analyse. Wir müssen uns abschließend klarzumachen versuchen, was logische Analysen und kybernetische Modelle von Selbstregulationsvorgängen leisten und was nicht. Mit vitalistischen Theorien war in der Regel die These verknüpft, daß es unmöglich sei, „typische Lebensvorgänge" in der in anderen Wissenschaften üblichen Weise, also mittels strikter oder statistischer Gesetze zu erklären. Diese *Undenkbarkeitsbehauptung* ist widerlegt, sobald die *prinzipielle* Einsicht gewonnen worden ist, daß das Selbstregulationsgeschehen, Lern- und Denkprozesse, selbst Evolutionsprozesse in streng wissenschaftlicher Weise,

[61] Vgl. v. NEUMANN, [Probabilistic Logics]. Für eine kurze inhaltliche Charakterisierung vgl. SHANNON [Contribution].

durch Unterordnung unter Naturgesetze, erklärbar sind. Während man sich auf der *allgemeineren* Stufe mit der Gewinnung einer prinzipiellen Einsicht begnügt, handelt es sich auf *spezielleren* Stufen darum, detailliertere Erkenntnisse über spezielle Regulations-, Lernvorgänge u. dgl. zu gewinnen.

Diese positiven Einsichten dürfen jedoch nicht unzulässig ausgeweitet werden. Eine fehlerhafte Ausweitung läge z. B. vor, wenn der Anspruch erhoben würde, daß damit automatisch ein volles Verständnis von Vorgängen an lebenden Organismen geliefert werde. An dieser Stelle muß an das erinnert werden, was in I, 9 über Analogiemodelle gesagt worden ist. Selbst wenn es gelingen sollte, perfekte kybernetische Simulatoren für alle bekannten Lebensprozesse zu ersinnen – sei es, daß diese technisch realisierbar sind, sei es, daß sie vorläufig als bloße Gedankenmodelle Bestand haben –, so wäre damit keine naturwissenschaftliche Erklärung jener Prozesse geliefert worden. Man hätte vielmehr nur eine *nomologische Isomorphie* zwischen Systemen verschiedener Art hergestellt: zwischen lebenden Organismen einerseits und künstlich herstellbaren Automaten andererseits. *Isomorphie aber ist keine Identität.* Und daher kann prinzipiell Kybernetik nicht biologische Disziplinen wie Genetik, Virenforschung, Molekularbiologie, Evolutionstheorie ersetzen. Die Forschung nach den das organische Geschehen beherrschenden Gesetzmäßigkeiten muß selbstverständlich unabhängig von logisch-philosophischen Analysen wie von kybernetischen Einsichten betrieben werden. Dagegen liefern Analysen von der in diesem Abschnitt skizzierten Art sowie konkrete kybernetische Lern-, Denk- und Regulationsmodelle eine starke empirische Stütze für die *Erklärbarkeitsbehauptung*, daß *alle* Lebensvorgänge (sowie das Faktum der erstmaligen Entstehung dieser Vorgänge auf unserem Planeten) mittels chemisch-physikalischer Gesetze – evtl. heute noch unbekannter – erklärbar seien.

Was ferner den *Entdeckungszusammenhang* betrifft, so werden beiderlei Arten von Untersuchungen für die jeweils andere von mehr oder weniger großem heuristischem Wert sein: Analysen von Regulationsvorgängen können der neurophysiologischen Forschung fruchtbare Anregung geben, wie umgekehrt neue Resultate der letzteren zur Entdeckung bisher unbekannter Typen final gesteuerter Systeme führen mögen.

Zu einem künftigen Zeitpunkt mag es sich als zweckmäßig erweisen, bei Analogiemodellen von organischen Prozessen zwischen einer *Makro-* und einer *Mikrostufe* zu unterscheiden, nämlich dann, wenn auf der Makroebene kein empirisch feststellbarer Unterschied mehr zwischen „lebendem Original“ und seinem Modell, dem „kybernetischen Simulator“, bestünde. Erst auf der Mikrostufe würde der Unterschied erkennbar: hier bestimmte elementare physikalisch-chemische Prozesse, dort elektronische Vorgänge. Zwischen den fundamentalen Gesetzen beider Bereiche könnte eine *syntaktische Isomorphie* bestehen. Ihre Nichtidentität würde darin zum Ausdruck kommen, daß die empirischen (nichtlogischen) Grundkonstanten miteinander isomorpher Gesetze Verschiedenes designieren. Selbst wenn es aber dem Menschen einmal gelingen sollte, organisches Geschehen nicht nur makrophysikalisch perfekt zu simulieren, sondern in einer auch mikrophysikalisch und mikrochemisch ununterscheidbaren Weise zu reproduzieren, so wäre damit noch nicht die Aufgabe gelöst, eine *adäquate Erklärung* der uns interessierenden Aspekte jenes Geschehens zu liefern. Dafür ist die genaue Kenntnis aller die betreffenden Naturvorgänge beherrschenden Gesetzmäßigkeiten unerläßlich.

Anhang
Drei Betrachtungen zum Thema „Teleologie"

Verschiedene Autoren haben sich in ihren Ausführungen zum Teleologie-Problem auf meine Überlegungen in diesem Kapitel bezogen und zum Teil heftige Kritik daran geübt. Ich möchte hier zu einigen dieser Ausführungen Stellung nehmen. Doch soll dies ausschließlich dem Zweck dienen, meine eigene Position zu verdeutlichen und Mißverständnisse sowie Unklarheiten zu beseitigen. Dagegen will ich auf jegliche Art von Gegenpolemik verzichten. Gegenüber der ersten Auflage, auf welche sich die Autoren bezogen, hat sich meine Auffassung in den folgenden Hinsichten geändert, woran hier kurz erinnert sei: Kausalität und Erklärung blieben in der Erstauflage eng miteinander verknüpft. Es findet sich dort noch kein Anzeichen für die hier vertretene Abkoppelungsthese, welche die getrennte Behandlung von Kausal- und Erklärungsanalyse fordert. Ferner stand die Kausalidee ganz unter deterministischen Vorzeichen; der Gedanke an eine probabilistische Verallgemeinerung der Kausalität war mir noch nicht gekommen. Schließlich bewegten sich meine damaligen Überlegungen ganz innerhalb desjenigen Denkrahmens, den ich jetzt als das dritte Dogma des Empirismus bezeichne. Das Hempel-Oppenheim-Schema der Erklärung stand daher damals im Zentrum, während seine Verwendbarkeit jetzt, nachdem pragmatische und epistemische Begriffe in den Vordergrund getreten sind, zu einem idealen und seltenen Grenzfall geworden ist. Wenngleich diese Änderungen unter allen Kapiteln dasjenige über Teleologie vermutlich am wenigsten tangieren, würde ich selbst es als unfair empfinden, von meiner jetzt geänderten Position aus zu einer Polemik gegen Kritiken überzugehen, die ausschließlich auf die in der ersten Auflage zu findenden Formulierungen und Auffassungen bezogen waren.

1. Teleologie: Normativ oder Deskriptiv?

K. v. Fritz kommt im elften Kapitel seiner [Grundprobleme], welches einer ausführlichen Behandlung der anthropologischen Ethik des Aristoteles und in diesem Zusammenhang einer Erörterung des Begriffs der Teleologie bei Aristoteles gewidmet ist, an verschiedenen Stellen auf meine Behandlung des Teleologieproblems zu sprechen. Auf S. 279 wird der seit zwei Jahrhunderten andauernde „Kampf zwischen Teleologen und Antiteleologen“ erwähnt. Der Ausdruck „Antiteleologe“ kommt noch an anderen Stellen vor, so z. B. auf S. 281, wo die Rede ist von „Antiteleologen, die sich für Empiristen halten“. Eine Seite vorher gesteht mir v. FRITZ zu, „daß auch die neovitalistische Erklärung von Erscheinungen auf dem Gebiet des Lebendigen mit Hilfe einer Entelechie durch H. DRIESCH im Grunde eine kausale Erklärung ist“; doch findet sich kurz darauf die Einschränkung: „Nur hat Stegmüller unzweifelhaft Unrecht, wenn er diese neovitalistische Theorie mit Aristoteles in Verbindung bringt, der daran völlig unschuldig ist“. Denn, so wird betont, „Entelechie“ bedeute bei ARISTOTELES „den Zustand der vollen Verwirklichung einer organischen Form und keineswegs eine Ursache“. Auf S. 288 wird im Anschluß an ein Zitat von mir hervorgehoben, daß man zwar für kausale Erklärungen *Hypothesen* benötige, die man empirisch überprüfen müsse, aber sofort hinzugefügt: „In der teleologischen Betrachtung ist das nicht so“. Dies wird im folgenden genauer erläutert. So etwa heißt es auf S. 283, daß für die Teleologie im Sinn der „Feststellung der Entwicklung auf bestimmte organische Gestalten hin“ keine Hypothesen aufgestellt zu werden brauchen. Und auf S. 285 findet sich der bemerkenswerte Satz: „Gerade weil die Teleologie in diesem Sinn eine empirisch gegebene und nichts als eine empirisch gegebene Tatsache ist, erklärt sie freilich nichts“.

Wenig später kommt das Wertfreiheitspostulat zur Sprache. Im Verlauf einer Detailkritik von Erklärungsweisen, die von Vertretern der sog. Funktionalanalyse vorgeschlagen wurden, komme ich in diesem Buch (ab S. 695, insbesondere auf S. 700–702) darauf zu sprechen, daß die Proponenten dieser Auffassung ein *adäquates* oder *normales* Funktionieren des Systems, dessen Funktionsweise sie zu erklären beanspruchen, voraussetzen. Und ich weise auf S. 704 auf die Gefahr hin, daß bei fehlender Angabe objektiver Kriterien diese beiden Begriffe so vage bleiben, daß sie einen weiten Spielraum für subjektive Deutungen lassen. v. FRITZ meint, daß diese meine Überlegung darauf abziele, die Auffassung zu untermauern, daß Wertvorstellungen aus der Wissenschaft auf das Strengste ferngehalten werden müssen (a.a.O. S. 287). Und im Anschluß an ein Zitat aus dieser S. 704 von mir heißt es (a.a.O. S. 288): „Das ist, soweit damit nur auf eine bestehende Gefahr aufmerksam gemacht wird, durchaus richtig und gerechtfertigt. Aber das daraus abgeleitete absolute Tabu gegen jede Wertunterscheidung in der Wissenschaft hat sich schon an einer anderen Stelle als völlig sinnlos erwiesen“ (mit der anderen Stelle ist S. 254 seines Werkes gemeint, wo MAX WEBERS Forderung nach einer wertfreien Wissenschaft zurückgewiesen wird.) Die Position MAX WEBERS wird nochmals a.a.O. auf S. 316 eingehend kritisiert; und meine eigene Position wird zu der MAX WEBERS dort durch eine Fußnote in Verbindung gebracht, in der es heißt, daß es bei mir in dem Teleologiekapitel „von Werturteilen wimmelt“, womit vermutlich eine innere Inkonsistenz zwischen dem zum Ausdruck gebracht werden soll, was ich als Dogma verkündige, und dem, was ich tatsächlich tue.

Auf der folgenden Seite nimmt v. FRITZ kurz auf den Abschnitt 5 dieses Kapitels über teleologische Automatismen Bezug, bemerkt, daß diese Roboter und Computer das Resultat intentional zweckgerichteter Handlungen sind, und trifft dann die interessante Feststellung: „Da läge die Analogie nahe zu sagen, daß die Lebewesen auch durch solche intentional-zweckgerichtete Handlungen, etwa eines Gottes, entstehen. Aber gerade diesen Analogieschluß hat ARISTOTELES nicht gezogen. Er hat die Ursache der Entstehung von Lebewesen im einzelnen im Dunkeln gelassen.“

Auf den Seiten 290—313 der [Grundprobleme] gibt v. FRITZ eine Rekonstruktion der aristotelischen Ethik, die zu dem Eindrucksvollsten und Überzeugendsten gehört, was jemals über dieses Thema geschrieben worden ist. v. FRITZ beginnt seine Schilderung mit der Feststellung, daß nach ARISTOTELES der Mensch mehr als alle anderen Lebewesen auf das Zusammenleben und Zusammenwirken mit seinen Artgenossen angewiesen ist. Weiter kommen hier eine Reihe wichtiger Aspekte zur Sprache, die vor allem Charakteristika betreffen, die den Menschen gegenüber anderen Lebewesen auszeichnen: der Mangel des einzelnen Menschen an Selbstgenügsamkeit; die Tatsache, daß kein einzelner Mensch in der Lage ist, die in der Spezies Mensch gelegenen Möglichkeiten und Fähigkeiten gleichmäßig zu entwickeln; die im Vergleich zu gesellschaftlich lebenden Tieren viel größere Flexibilität und Anpassungsfähigkeit des Menschen an verschiedene Situationen; vor allem auch der Besitz der Sprache, die im gegenwärtigen Zusammenhang deshalb von so großer Bedeutung ist, weil sie die Auseinandersetzung darüber möglich macht, was gut und schlecht, recht und unrecht ist, und die durch die Sprache ermöglichte bewußte Entwicklung auf das Telos hin, d. h. auf die voll entwickelte Gestalt und ihr Funktionieren. Auch die Unterscheidung zwischen denjenigen bewußten Tätigkeiten, die auf ein Telos außerhalb ihrer selbst gerichtet sind, und solchen, die es in sich selbst haben, sowie die damit zusammenhängende Hierarchie der Zwecke wird sorgfältig erörtert. Von besonderem historischem Interesse sollte für manche Philosophen die Ausführung zur aristotelischen Auffassung über das Geld auf S. 295 sein: Da das Geld in gewisser Weise für alle Güter steht und daher den Anschein erwecken kann, sein Nutzen sei zum Unterschied zu dem der Sachgüter nicht begrenzt, *wird das ganze Leben verfälscht*. Es ist genau diese Beobachtung, die in KARL MARX die Auffassung erzeugte, daß hier die letzte Wurzel für das liege, was er die Selbstentfremdung des Menschen (d. h. die Tatsache, daß der Mensch sich in seiner produktiven Tätigkeit entfremdet) nannte: Nach ihm kommt es dadurch zu einem pervertierten Leben der Geldanbetung als praktische Religion und entstehen „Habsucht“ und „der Krieg unter Habsüchtigen, die Konkurrenz“ als „die einzigen Räder, die die Nationalökonomie in Bewegung setzen."[1] (Daß MARX ARISTOTELES in diesem Zusammenhang nicht erwähnt, darf man ihm vielleicht nicht ankreiden: Angesichts der Tatsache, daß er ganze Bibliotheken zu lesen pflegte, hatte er vermutlich die aristotelischen Wurzeln der Selbstentfremdungstheorie, die er für seine ureigendste Entdeckung hielt, wohl einfach vergessen.)

Im weiteren Verlauf seiner Ausführungen kommt v. FRITZ auf zahlreiche Einzelheiten der aristotelischen Ethik, einschließlich der Theorie der distributiven Gerechtigkeit, zu sprechen, die nicht nur für die Aristotelesforschung von Wichtigkeit sind, sondern philosophisch vor allem deshalb, weil darin subtile Details und aristotelische Lebensweisheiten hervorgehoben werden, die bedauerlicherweise in der späteren moralphilosophischen Literatur zu einem großen Teil unberücksichtigt geblieben sind.

Bevor ich dazu übergehe, zwecks besserer Übersichtlichkeit einige begriffliche Differenzierungen zu machen, seien drei Punkte vorweggenommen, nämlich die Bemerkungen über DRIESCH und MAX WEBER, sowie im Anschluß daran eine Frage. Wenn v. FRITZ auf S. 280/281 bemerkt, daß ich unzweifelhaft Unrecht habe, wenn ich DRIESCH mit ARISTOTELES in Verbindung bringe, so kann ich dazu nur versichern, daß es mir vollkommen fern lag, eine derartige Verbindung herzustellen. Daß DRIESCH *nach seiner eigenen Überzeugung* auf ARISTOTELES zurückgegriffen hat, dürfte wohl nicht zu leugnen sein; sonst hätte er nicht von Entelechien gesprochen. Nun ist es in der Geschichte der Philosophie nicht selten vorgekommen, daß ein Philosoph seine Anregungen von einem anderen erhielt, sich jedoch dabei in der Deutung jenes Philosophen irrte. Ich nehme gern die belehrende Feststellung zur Kenntnis, daß es sich bezüglich des Verhältnisses von DRIESCH und ARISTOTELES um einen solchen Fall von Anregung aufgrund einer Fehldeutung handelte. Jedenfalls sollten meine kritischen Bemerkungen über den Neovitalismus auf keinen Fall implizieren, daß die neovitalistische Theorie auf der Grundlage einer *korrekten Aristoteles-Interpretation* errichtet worden sei, oder gar, daß in dieser Theorie so etwas wie *eine konsequente Weiterführung* der aristotelischen Lehre erblickt werden müsse.

Was die Max-Weber-Kritik betrifft, so unterschreibe ich alle kritischen Bemerkungen, die v. FRITZ gegen dessen Wertfreiheitspostulat vorbringt. Mir ist allerdings nicht verständlich geworden, wieso v. FRITZ im Anschluß an die zitierte Stelle, S. 704 von Abschn. 4.e oben, von dem von mir „daraus abgeleiteten Tabu gegen jede Wertentscheidung in der Wissenschaft" spricht. Ich konnte keine Formulierung bei mir finden, die einen solchen Schluß rechtfertigt oder auch nur nahelegt. Es muß sich irgendwie um ein rein sprachliches Mißverständnis gehandelt haben: Die fragliche Stelle findet sich im

---

[1] Für Details vgl. etwa R. TUCKER, [MARX], insbesondere S. 137, sowie Kap. IX über *Entfremdung und Geldanbetung*.

Kontext des Versuchs, den genauen Gehalt von sog. Funktionalanalysen zu ermitteln. Und es lag mir gänzlich fern, in die systematischen Bemühungen um eine Klärung funktioneller Argumente eine Begründung für das Wertfreiheitspostulat im Sinn MAX WEBERS einzuschmuggeln. Die fragliche Stelle auf S. 704 findet sich unmittelbar im Anschluß an eine Bemerkung der beiden dort genannten amerikanischen Autoren, die darauf hinweisen, daß ohne Präzisierung des in der Prämisse einer Funktionalanalyse vorkommenden Begriffs des *normalen* Funktionierens eines Systems jemand auf die Idee kommen könnte, eine funktionelle Erklärung für den Selbstmord zu geben (eine Erklärung, welche nach der stillschweigend vorausgesetzten Ansicht dieser beiden Autoren natürlich absurd wäre). Mit MAX WEBER habe ich mich in diesem Buch überhaupt nicht, dafür aber an späterer Stelle umso ausführlicher beschäftigt, nämlich in der Einleitung zum Bd. IV auf S. 46—64. Ich habe dort versucht, die Auffassung MAX WEBERS in elf Thesen zusammenzufassen und diese einer eingehenden und zum Teil sehr scharfen Kritik zu unterziehen, darunter auch seine von mir rekonstruierten fünf Thesen über Ethik auf S. 53 ff.

Nun noch die angekündigte Frage, die ebenfalls ohne jede polemische Nebenabsicht gestellt wird: Sollte man nicht von jemandem, der mit mir darin übereinstimmt, daß Erklärungen vom Typ der vom Neovitalismus vorgebrachten unbrauchbar sind, wie dies v. FRITZ auf S. 280 unten seiner [Grundprobleme] expressis verbis tut, eigentlich erwarten, daß er den Bemühungen um eine logische Klärung der Funktionalanalyse, die sich in Abschn. 4 des vorliegenden Kapitels finden, wohlwollend gegenübersteht? Denn *prima facie* sehen diese Argumente den neovitalistischen doch zum Verwechseln ähnlich; ferner treten sie ebenso wie die letzteren mit Erklärungsanspruch auf. Da sie sich außerdem in neuerer und neuester Literatur aus verschiedensten Gebieten der Wissenschaft finden, wie in 4.c, S. 692–695, an einer Reihe von Beispielen gezeigt wird, kann man sie auch kaum ohne Ausnahme als ungültig oder gar unsinnig vom Tisch fegen. Die Bemühungen von HEMPEL und von mir wurden von der Überzeugung getragen, daß sich aus den Funktionalanalysen ein gültiger Kern herausarbeiten lassen müsse. Natürlich wird von niemandem verlangt, auch die spezielle Richtung, in welche diese Bemühungen gehen, für korrekt zu halten, wenn er einen andersartigen Ausweg aus dem Dilemma sieht. Solche möglichen Alternativen sollen übrigens in Punkt 3 noch kurz zur Sprache kommen.

Ich komme jetzt zu der angekündigten begrifflichen Differenzierung. Damit der Leser über den Details nicht die Hauptsache übersieht, nehme ich das Ergebnis kurz vorweg: Der Ausdruck „Teleologie" bezeichnet zwei große Begriffsfamilien, die nur lose miteinander zusammenhängen, nämlich eine normative und eine deskriptive, wobei man im zweiten Fall außerdem scharf zwischen einem weiteren und einem engeren Sinn unterscheiden muß. Die eben ausgesprochene Behauptung über den bloß losen Zusammenhang läßt sich durch den Nachweis erhärten, daß die Bezeichnung *„Antiteleologe“* äquivok ist und zwei disparate Begriffe bezeichnet. Im Verlauf des ganzen vorangehenden achten Kapitels ist der Ausdruck „Teleologie“ nur in einem ganz speziellen Sinn, nämlich im *deskriptiven* Sinn, und hier wiederum – von den Bemerkungen über formale Teleologie in Abschn. 2, die lediglich der Anknüpfung an die in Kap. III behandelte Theorie von RESCHER dienten, abgesehen – im deskriptiv-*erklärenden* Sinn verwendet worden. Daher kann weder mit der deskriptiven noch mit der normativen Bedeutung dieses Ausdrucks, wie sie sich bei ARISTOTELES finden, ein Konflikt auftreten. An einigen Stellen habe ich, um keine falschen Erwartungen im Leser zu erwecken, ausdrücklich darauf hingewiesen, daß bestimmte Fragen ausgeklammert werden. Dies gilt z. B. für das Thema *Wissen um Kausalität*. Hierzu habe ich in Kap. VII bemerkt, daß die Frage des Wissenserwerbes nicht Gegenstand dieses Buches sei, sodaß auch das Problem, auf welche Weise wir ein Kausalwissen gewinnen, nicht angeschnitten werden soll. Das Thema *Teleologie im normativen Sinn* schien mir aber so weit von den in diesem Buch behandelten Themen abzuliegen, daß ich glaubte, auf eine Bemerkung verzichten zu können. Nachträglich stelle ich fest, daß es doch zweckmäßig gewesen wäre, analog wie im Kausalfall eine kurze entsprechende Notiz einzufügen.

Wenn von der teleologischen Ethik des ARISTOTELES gesprochen wird, wie bei v. FRITZ [Grundprobleme] auf S. 327, so werde ich sagen, daß das Wort „teleologisch“ im *normativen* Sinn verwendet wird, da es zur Charakterisierung einer bestimmten Art von Ethik dient. Der nichtnormative Sinn soll deskriptiv heißen und zwar *deskriptiv im weiteren Sinn*. Auch bei ARISTOTELES finden wir eine deskriptive Bedeutung des Wortes, und zwar die deskriptive Bedeutung im *engeren* oder im *rein beschreibenden* Sinn; gemäß dieser Bedeutung bezeichnet bei ARISTOTELES Teleologie, wie wir hörten, „eine empirisch gegebene und nichts als eine empirisch gegebene Tatsache“. Zwar noch immer deskriptiv im weiten Sinn, aber nicht im rein beschreibenden Sinn ist der *deskriptiv-erklärende Sinn* von Teleologie. Wer die Auffassung vertritt, daß es echte teleologische Erklärungen oder teleologische Erklärungen sui generis gibt, die sich nicht auf kausale zurückführen lassen, – analog wie es z. B. nach heutiger physikalischer Auffassung echte statistische Erklärungen gibt, die nicht auf deterministische reduziert werden können –, der macht von Teleologie einen deskriptiv-erklärenden Gebrauch. Dieser Art von Erklärung gelten meine Angriffe; denn sie beruhen m. E. zum Teil auf empirisch unfundierten Annahmen, wie die Erklärungen der Vitalisten, oder aber sie können in kausale Erklärungen zielintendierten Handelns umgedeutet werden. Selbst wenn ich hier im Prinzip recht haben sollte, würde dies nach den Worten von Herrn v. FRITZ die aristotelische Theorie in keiner Weise beeinträchtigen; denn was ARISTOTELES „sagt, wäre dem Wortlaut nach auch mit Kausalerklärungen im Stegmüllerschen Sinne zu vereinbaren“ ([Grundprobleme], S. 285). Tatsächlich ist das *deskriptive* Teleologiekonzept des Aristoteles neutral gegenüber den Auseinandersetzungen über die Art der korrekten Erklärung. Da diese Theorie gar nicht beansprucht, eine erklärende Theorie zu sein, liegt sie im Vorfeld dieser Auseinandersetzungen.

Versuchen wir nun, uns den normativen Sinn von „teleologisch“ dadurch zu verdeutlichen, daß wir uns überlegen, was ihm gegenübersteht, d. h. was *in diesem Sinn* „antiteleologisch“ bedeuten könnte. Es scheint mir, daß man sich am besten in der Weise ein anschauliches Bild verschafft, daß man einen Blick in das vermutlich meistgelesene philosophische Buch der siebziger Jahre wirft, die in [Justice] entwickelte Theorie der Gerechtigkeit von J. Rawls. Dieses Werk hat u. a. deshalb so große Beachtung gefunden, weil darin eine von den im englischen Sprachbereich vorherrschenden teleologischen und utilitaristischen Theorien stark abweichende, in einem genau präzisierbaren Sinn *antiteleologische* Theorie entworfen wird. Angesichts des Zwanges zu einer überaus kurzen Schilderung werde ich die Ideen von Rawls mit einigen persönlichen Kommentaren versehen, die, wie ich hoffe, obzwar sicherlich ungenau und natürlich unvollständig, diesen Ideen dennoch keine Gewalt antun, sondern dazu dienen sollen, sie auf knappem Raum soweit wie möglich zu verdeutlichen.

Anmerkung. Im gegenwärtigen Zusammenhang können wir teleologische ethische Theorien mit utilitaristischen Theorien gleichsetzen. Da diese Gleichsetzung nur cum grano salis gilt, seien dazu einige erläuternde Bemerkungen eingefügt. Zunächst ist festzustellen, daß diese Gleichsetzung für frühere utilitaristische Theorien nicht zutreffend wäre, da diese letzteren häufig mit einer hedonistischen Metaphysik befrachtet waren. Für neuere utilitaristische Theorien (spätestens seit Sidgwick 1874) gilt dies nicht mehr, sodaß dieser Unterscheidungsaspekt wefällt.

Ein anderer Unterschied betrifft die Stellungnahme zu den nichtmoralischen Werten, die ja für diese Theorien den Ausgangspunkt bilden. Während frühere Theorien eine für diesen außermoralischen Wertbereich objektiv gültige Rangordnung voraussetzten, bevorzugen neuere Theorien eine liberale und sozusagen „demokratische“ Haltung, indem sie den beteiligten Personen selbst eine diesbezügliche Entscheidung überlassen. Hoerster schildert in [Utilitarismus], S. 15, nach Beschreibung zweier anderer Positionen diese Auffassung so: „... sie nimmt ... die Begünstigten einer utilitaristischen Moral als selbständige Personen ernst, indem sie ihnen die Möglichkeit gibt, *selbst* zu entscheiden, worin sie eine ‚Begünstigung‘ erblicken. (Man könnte sagen, sie löst ihre Ausgangsfrage dadurch, daß sie zu Gunsten der betroffenen Individuen auf eine Lösung verzichtet.)“ Da es nicht genügt, einen bloß qualitativen Wertbegriff zur Verfügung zu haben, sondern ein schärferer komparativer Begriff, genannt Präferenzrelation, benötigt wird, nennen manche Moralphilosophen diese Variante der Theorie auch *Präferenzutilitarismus*.

Nach teleologischen Theorien hängt die moralische Beurteilung einer Handlung ab von der Qualität ihrer Konsequenzen. Während frühere Theorien meist voraussetzten, daß diese Konsequenzen streng voraussehbar sind, gilt dies für neuere Theorien nicht. Manche Autoren, wie z. B. Harsányi, gehen sogar ausdrücklich davon aus, daß auch moralische Entscheidungen in der Regel sog. „Entscheidungen unter Risiko“ sind, deren Folgen bloß mit einer bestimmten subjektiven Wahrscheinlichkeit eintreten. Ich habe daher in [Ethics] vorgeschlagen, solche Theorien unter den Begriff

„Ethischer Bayesianismus“ zusammenzufassen. (In dieser Bezeichnung kommt allerdings der teleologische Charakter der Theorie nicht zur Geltung.) Sehr häufig wird heute auch vorausgesetzt, daß die subjektiven Präferenzrelationen – ebenso wie auch die sozialen Präferenzrelationen – nach dem v. Neumannschen Muster *metrisierbar* sind. Schließlich gehen in die moralphilosophischen Analysen heute häufig die Resultate von mehr oder weniger subtilen Untersuchungen über *interpersonellen Nutzenvergleich* ein. Die drei zuletzt erwähnten Aspekte betreffen im Grunde technische Spezialfragen, von denen wir im folgenden abstrahieren können. Immerhin machen sie es möglich, den Utilitarismus in der bündigen und doch vollständigen Weise zu beschreiben, wie dies SEN auf S. 98 von [Choice] tut, wo er ihn charakterisiert als „the approach of maximizing aggregat individual welfares.“

Da teleologische Theorien Handlungen nach ihren Konsequenzen beurteilen, sind für diese Theorien im normativen Bereich die nichtmoralischen Werturteile grundlegend. Moralische Verpflichtungsurteile werden von ihnen abgeleitet. (Und die an sich unwichtigen moralischen Werturteile kommen erst auf der dritten Stufe vor.) RAWLS charakterisiert in [Justice], S. 24, die teleologischen Theorien durch die folgende Kurzformel: „the good is defined independently from the right, and then the right is defined as that which maximizes the good.“ Er selbst geht dann dazu über, eine „antiteleologische“ oder deontologische Ethik zu entwickeln. Da er seine eigene Theorie durch den Schlagworttitel „justice as fairness“ bezeichnet, heißt es dementsprechend auf S. 31: „in justice as fairness the concept of right is prior to that of the good.“

Interessanterweise geht RAWLS bei seinen Überlegungen von einer ganz ähnlichen Feststellung wie der des ARISTOTELES aus, nämlich, daß sich Menschen zu wechselseitiger Kooperation zusammenschließen müssen. Seine leitende Grundidee ist dabei das erstmals von H. L. A. HART formulierte Fairnessprinzip, wonach es unmoralisch ist, die Früchte eines von mehreren Personen getragenen Unternehmens zu genießen, jedoch die Lasten, die mit einem solchen Unternehmen verbunden sind, den anderen zu überlassen. (Bei RAWLS findet sich ein positiverer, dafür aber umfangreicherer Wortlaut; vgl. a.a.O. S. 112.) Dieses deontologische Prinzip bildet aber nur den intuitiven Hintergrund für die Art und Weise, den Begriff des moralisch Richtigen einzuführen. Um eine knappe Rekonstruktion dessen zu geben, was RAWLS meint, weiche ich von seiner Formulierung ab; insbesondere sei ausdrücklich betont, daß sich der hier verwendete Hilfsbegriff des idealen Moralkodex bei ihm nicht findet. Die Einführung des moralisch Richtigen erfolgt dann etwa nach folgendem Schema: *Moralisch richtig* sind diejenigen Handlungen, die im Einklang stehen mit dem idealen Moralkodex. Der ideale Moralkodex besteht aus denjenigen Grundsätzen, auf welche sich die Menschen im hypothetischen Urzustand einigen würden. Dieser Urzustand ist dadurch charakterisiert, daß rationale (und von Eigeninteressen beherrschte, nicht jedoch von altruistischen Gefühlen geleitete) Personen hinter einem Schleier des Nichtwissens eine Wahl zu treffen haben. Dieser berühmte „Schleier des Nichtwissens“ ist so definiert, daß den hinter ihm stehenden Personen zwar sämtliche allgemeinen Informationen zugänglich sind, daß sie aber über sich selbst keine Kenntnisse haben: Weder kennen sie ihre Stellung in der Gesellschaft noch wissen sie etwas über ihre persönlichen Präferenzen. Offenbar soll diese Konstruktion gewährleisten, daß die an der Wahl der ethischen Grundsätze beteiligten Personen ein unparteiisches und unpersönliches Urteil fällen. Es ist klar, daß eine solche Theorie nicht als eine teleologische formulierbar ist: Über das moralisch Richtige wird im Urzustand eine Entscheidung getroffen, ohne daß den beteiligten Personen das nichtmoralisch Gute bekannt ist; ersteres kann sich also nicht auf letzteres stützen. RAWLS glaubt, zeigen zu können, daß im Urzustand die beiden von ihm eingehend diskutierten Grundsätze der Gerechtigkeit sowie die beiden Vorrangregeln zwischen ihnen gewählt würden.

Der theoretische Entwurf von RAWLS hat zu zahlreichen Diskussionen und, wie nicht anders zu erwarten, auch zu scharfen kritischen Reaktionen geführt. Es darf vermutet werden, daß ein Teil der Auswirkungen, die von seinen Ideen ausgingen, gar nicht auf seine konstruktive Theorie, sondern auf seine destruktive Kritik an der teleologischen Ethik zurückzuführen ist. RAWLS ist der Überzeugung, daß alle teleologischen Moralphilosophien auf einer prinzipiell fehlerhaften Deutung menschlicher Gemeinwesen basieren. (Das dort vorherrschende Bild wird von RAWLS a.a.O. auf S. 26/27 skizziert.) Man kann dies, wenn auch vielleicht etwas vergröbert, so ausdrücken: In diesen Theorien wird das menschliche Gemeinwesen nach Analogie zum Menschen selbst konstruiert, was darin zum Ausdruck gelangt, daß die für den Einzelmenschen geltenden rationalen Entscheidungsprinzipien für die Gesellschaft als ganze angenommen werden. Dies führt nach RAWLS zwangsläufig dazu, Konsequenzen zu akzeptieren, die mit der Idee des Menschen als einer freien und autonomen Person unvereinbar sind. Zwei Beispiele mögen der Erläuterung dienen: Das erste betrifft moralische Handlungen, die bereits mittelalterliche Philosophen unter der Bezeichnung „acta supererogatoria" diskutierten. Es geht dabei um menschliche Akte, die uns moralische Ehrfurcht abverlangen, weil darin etwas getan wird, das über das moralisch Geforderte weit hinausgeht, so etwa, wenn ein Mensch sich für andere opfert. Der Einwand von RAWLS lautet nun nicht etwa, daß teleologische Moralphilosophien derartige Handlungen nicht anerkennen, sondern daß solche Handlungen darin zu normalen moralischen Verpflichtungen werden. Wer dadurch, daß er sein Leben opfert, das Leben von zwei oder mehreren anderen Menschen rettet, trägt dadurch zur Förderung des Gesamtwohls bei und ist deshalb verpflichtet, sich zu opfern. Moralisch Übergebührliches wird als normale Verpflichtung erklärt. Man entgeht dieser Konsequenz nur durch ad-hoc-Konstruktionen. Eine Beeinträchtigung menschlicher Autonomie in anderer Richtung erblickt RAWLS darin, daß in keiner teleologischen Theorie zwingende Argumente gegen Sklaverei vorgebracht werden können. Ein besonders schauriges Modellbeispiel zur Erläuterung dieses Sachverhaltes gibt A. SEN in [Choice] auf S. 141/142. (Vgl. auch das andersartige Beispiel, welches derselbe Autor in [Inequality] auf S. 16 ff. konstruiert.)

Schwierigkeiten von dieser Art können in der Theorie von RAWLS nicht auftreten. Überlegungen über die Zulässigkeit der Sklaverei z. B. sind hier überflüssig, da gemäß dem ersten gewählten Grundsatz jedermann ein „gleiches Recht auf das umfangreichste Gesamtsystem gleicher Grundfreiheiten, das für alle möglich ist“ besitzt. Auch der zweite, die distributive Gerechtigkeit betreffende Grundsatz weicht von den entsprechenden teleologischen Prinzipien wesentlich ab, da darin nicht die größte Gesamtwohlfahrt, sondern der größtmögliche Vorteil für die am wenigsten begünstigten Personen der Sozietät gefordert wird.

Um jegliches Mißverständnis zu vermeiden: Es ging mir hier nicht etwa darum, Propaganda für die Theorie von RAWLS zu betreiben. Vielmehr bildete diese Skizze seines moralphilosophischen Konzeptes nicht mehr als eine gezielte Abschweifung. Sie war in dem Sinne gezielt, als dadurch die normative Bedeutung des Prädikates „antiteleologisch“ geklärt und illustriert werden sollte. Vor allem sollte gezeigt werden: Eine antiteleologische Ethik ist nicht bloß eine gedankliche Möglichkeit, über die man sich nicht weiter den Kopf zu zerbrechen braucht, sondern eine tatsächliche und heute recht aktuelle Alternative, eine Alternative zwar, die der Vertreter einer teleologischen Ethik nicht für richtig halten wird, mit der er sich aber doch als einer ernst zu nehmenden Gegentheorie zu seiner eigenen auseinanderzusetzen hat. Die außerordentliche Wirkung, die RAWLS auch auf Vertreter anderer Auffassungen ausübte, zeigt sich an zwei der originellsten moralphilosophischen Beiträge der letzten Jahre, in [Theory] von R. B. BRANDT, worin der Gedanke des von einer rationalen Person zu wählenden Moralkodex im Vordergrund steht, und in [Ethics] von J. L. MACKIE, nach dessen Überzeugung die Prinzipien moralisch richtigen Handelns vom Menschen nicht aufgefunden oder entdeckt, sondern erfunden werden[2].

Die weiter oben aufgestellte These, daß man zwischen den zwei deskriptiven Bedeutungen von „teleologisch“ und der normativen Bedeutung dieses Wortes scharf unterscheiden müsse, dürfte damit erhärtet worden sein. Sollte sich daher ein Philosoph zu der – in manchen Ohren absurd klingenden, aber trotzdem korrekten – Behauptung hinreißen lassen:

„RAWLS und STEGMÜLLER sind Antiteleologen“,

so müßte man dazu sagen, daß diese Kurzfassung nur durch Benützung einer fundamentalen Zweideutigkeit des Wortes „Antiteleologe“ erkauft werden

---

[2] Für eine aus neuester Zeit stammende übersichtliche Schilderung verschiedener ethischer Theorien unter dem im gegenwärtigen Zusammenhang wichtigen Gesichtspunkt vgl. v. KUTSCHERA [Ethik], insbesondere S. 63—80.

konnte. Denn was der Betreffende in Wahrheit sagen wollte, läßt sich unmißverständlich nur durch folgende ausführlichere Paraphrase wiedergeben: „Rawls vertritt eine deontologische Ethik und Stegmüller vertritt in der Frage teleologischer Erklärungen einen kausalistischen Standpunkt."

Bei Aristoteles ist die Teleologie im engeren deskriptiven Sinn mit der Teleologie im normativen Sinn eng verknüpft, wie dies vermutlich für jede detaillierte teleologische Ethik gelten dürfte. Die von mir diskutierte Teleologie im deskriptiv-erklärenden Sinn dagegen ist von beidem unabhängig. Die erste Unabhängigkeit hat v. Fritz selbst betont, wenn er sagte, daß eine Kausalerklärung in meinem Sinn mit der teleologischen Betrachtungsweise von Aristoteles durchaus verträglich sei. Die zweite Unabhängigkeit könnte man in der Weise ausdrücken, daß man zu dieser Feststellung die weitere hinzufügt: „Und eine kausale Erklärung der Entstehung der Lebewesen, einschließlich der Spezies *Mensch,* z. B. auf Darwinscher Grundlage, ist durchaus verträglich mit einer teleologischen Ethik, wie sie Aristoteles entwickelte."

Nicht alle zusätzlichen Bemerkungen zum deskriptiv-erklärenden Aspekt der Teleologie finden sich in diesem ersten Abschnitt des Anhanges; einiges soll erst im nächsten Punkt zur Sprache kommen. Der vorangehende Text sollte nicht mehr leisten, als eine nachträgliche Rechtfertigung dafür liefern, daß sich das Teleologie-Kapitel eines Buches, das schon in der ersten Auflage das Thema *Erklärung* im Haupttitel trug, auf den Problemkomplex der *teleologischen Erklärung* beschränkte, unter Vernachlässigung des beschreibenden Aspektes bei Aristoteles, was immer in diesem Aspekt für Erkenntnisleistungen beschlossen sein mögen, sowie unter Vernachlässigung des bei Aristoteles anzutreffenden normativ-ethischen Aspektes, wie groß auch immer die aktuelle Bedeutung seiner teleologischen Moralphilosophie in der heutigen Ethik-Diskussion sein mag.

Bibliographie

Brandt, R. B. [Theory], *A Theory of the Good and the Right, Oxford 1979.*

Daniels, N. (Hrsg.), *Reading Rawls,* Oxford 1975.

von Fritz, K. [Grundprobleme], *Grundprobleme der Geschichte der antiken Wissenschaft,* Berlin-New York 1971.

Harsányi, J. C., *Essays on Ethics, Social Behaviour, and Scientific Explanation,* Dordrecht 1976.

Harsányi, J. C., „Rule Utilitarianism and Decision Theory", *Erkenntnis* Bd. 11 (1977), S. 25—53.

Hoerster, N. [Utilitarismus], *Utilitaristische Ethik und Verallgemeinerung,* München 1971.

von Kutschera, F. [Ethik], *Grundlagen der Ethik,* Berlin-New York 1982.

Mackie, J. L. [Ethics], *Ethics, Inventing Right and Wrong,* Reading 1977.

RAWLS, J. [Justice], *A Theory of Justice,* Cambridge, Mass., 1971; deutsch: *Eine Theorie der Gerechtigkeit,* Frankfurt a. M. 1975. Diese deutsche Ausgabe ist keine bloße Übersetzung des englischen Originals, sondern die Übersetzung eines vom Autor stark revidierten Textes.
SEN, A. K. [Choice], *Collective Choice and Social Welfare,* Edinburgh-London 1970.
SEN, A. K. [Inequality], *On Economic Inequality,* Oxford 1973.
STEGMÜLLER, W. [Ethics], "On the Interrelations between Ethics and Other Fields of Philosophy and Science", *Erkenntnis* Bd. 11 (1977), S. 55—80.
TUCKER, R. [MARX], *Karl Marx. Die Entwicklung seines Denkens von der Philosophie zum Mythos,* München 1963.

2. STT, Evolutionstheorie und die Frage Wozu?

Das 1981 erschienene Buch [Wozu?] von R. SPAEMANN und R. LÖW ist ganz der Analyse teleologischen Denkens gewidmet. An verschiedenen Stellen wird in diesem Werk auf meine Auffassung Bezug genommen. In den folgenden kurzen Bemerkungen werde ich auf einige der in den betreffenden Texten anstehenden Fragen eingehen. Auch diesmal sollen meine Ausführungen nur der Verdeutlichung und der Begründung meiner Position dienen. Dagegen liegt mir jede polemische Absicht fern, erstens aus den zu Beginn dieses Anhanges angegebenen Gründen, die auch hier gelten, und zweitens weil noch zwei weitere Gründe hinzukommen: Die beiden Autoren haben sich der außerordentlich verdienstvollen Aufgabe unterzogen, erstmals eine systematische Darstellung der Teleologie-Konzepte im Verlauf der abendländischen Philosophiegeschichte zu geben; etwa zwei Drittel des Buches sind dieser Aufgabe gewidmet. Der zweite hinzukommende Grund ist der, daß darin alle Aspekte des teleologischen Denkens berührt werden; wie bereits der vorangehende Abschnitt gezeigt hat, bezeichnet der Titel „Teleologisches Denken“ einen weit umfangreicheren Problemkreis als den, auf welchen sich das Thema „Teleologische Erklärung“ bezieht. Wie bisher werde ich mich auf den letzteren beschränken. Nicht vermeiden lassen wird sich leider gelegentlich der *Anschein* der Polemik, der sich immer bereits dann einzustellen pflegt, wenn zu einer Auffassung eine davon stark abweichende, und sei es auch nur zum Zwecke der Klarstellung, vorgetragen wird.

Anmerkung. Auf die aristotelische Theorie werde ich hier nicht mehr zu sprechen kommen. Im vorangehenden Abschnitt habe ich für den Zweck der dortigen Betrachtungen vorausgesetzt, daß die durch VON FRITZ vorgeschlagene Deutung des nicht-normativen Begriffs der Teleologie bei ARISTOTELES korrekt ist. SPAEMANN und LÖW vertreten demgegenüber teils implizit, teils aber auch explizit nicht diese Auffassung, daß ARISTOTELES nur im *engeren* deskriptiven Sinn von Teleologie spricht. Es würde meine Kompetenz überschreiten, mich in Meinungsdifferenzen zwischen Aristoteles-Kennern darüber einzumischen, ob ARISTOTELES von der Teleologie einen erklärenden oder nur einen nicht-erklärenden Gebrauch macht.

Auf S. 14 von [Wozu?] heißt es: „daß Zwecke ‚gesetzt' werden, daß solche Setzung nur durch einen bewußten Willen geschehen kann, . . . , all das wird in der Regel erst einmal als selbstverständlich vorausgesetzt, um dann in umständlichen Verfahren zu zeigen, daß so verstandene Zwecke in der außermenschlichen Natur nicht ‚vorkommen'." Dies wird die definitorische Immunisierungsstrategie nichtteleologischer Theorien gegenüber dem Teleologieproblem genannt. Als zweite Immunisierungsstrategie wird die Einführung eines Erklärungsbegriffs gemäß dem Hempel-Oppenheim-Schema angeführt, „ der auf eine deterministische Abhängigkeit bestimmter Ereignisse von Antezedensbedingungen abhebt. Natürlich folgt daraus, daß der Begriff einer ‚teleologischen Erklärung' aus empirischen und logischen Gründen zu verwerfen ist. Aber was ist mit einer so trivialen Einsicht gewonnen?"

Ich werde zu zeigen versuchen, *was* damit gewonnen sein kann. Dazu müssen wir allerdings diese beiden Dinge scharf auseinander halten, nämlich die These, daß Zwecksetzung nur durch bewußten Willen geschehen kann, und die Art der Einführung des Erklärungsbegriffes. Zunächst einige Vorbemerkungen zum letzteren. Um uns von Präzisionstrivialismen zu befreien, die uns im gegenwärtigen Zusammenhang nur überflüssig belasten würden, gehen wir auf die vagere Formulierung bei J. St. Mill zurück, nach welchem dieses Erklärungsmodell ja auch gelegentlich „Subsumtionsmodell der Erklärung" genannt wird: Die naturwissenschaftliche Erklärung von Phänomenen besteht nach Mill darin, daß man diese Phänomene unter Naturgesetze subsumiert. Diese Formulierung ist zwar wegen der aufklärungsbedürftigen Wendung „unter ... subsumieren" viel vager als die von Hempel und Oppenheim. Aber sie hat den Vorteil, daß sie keine Beschränkung auf strikte Gesetze enthält. Bei den Naturgesetzen kann es sich um deterministische *oder um statistische Regularitäten* handeln. (Auch davon soll hier abstrahiert werden, daß man beim Versuch der Klärung der „Subsumtion unter statistische Gesetze" auf ein tiefliegendes Problem stößt, nämlich das „Problem der Mehrdeutigkeit", welches letztlich für die pragmatisch-epistemische Wende verantwortlich ist, von der das letzte Kapitel dieses Buches handelt.) Diese Erweiterung ist wesentlich; denn statistische Gesetze spielen in der Evolutionstheorie eine maßgebliche Rolle, worauf weiter unten zurückzukommen sein wird. Im Augenblick wollen wir nur folgendes festhalten: Mill, Hempel-Oppenheim und alle anderen Autoren, die sich mit dem Erklärungsbegriff beschäftigten, wollten keine unverbindliche Nominaldefinition liefern, sondern diesen Begriff im Einklang mit dem wissenschaftlichen Sprachgebrauch *explizieren*. Die Adäquatheit dieser Explikation vorausgesetzt, bedeutet dies: Angebliche Erklärungen, die nicht in solchen „Subsumtionen unter deterministische oder statistische Gesetze" bestehen, können nicht mit dem Anspruch auftreten, als wissenschaftliche Erklärung ernst genommen zu werden. Für sich genommen beinhaltet dies natürlich noch gar nichts darüber, ob es teleologische Erklärungen sui generis gibt und falls es sie gibt, wie sie zu analysieren sind.

Daher wenden wir uns jetzt dem ersten Punkt zu. Hier vertrete ich eine sehr einfache, allerdings auch sehr radikale These: Der Zusammenhang zwischen Zwecken und zwecksetzendem Willen ist nicht nur ebenfalls keine Sache definitorischer Willkür; er ist nicht einmal das Resultat einer Bemühung um adäquate Explikation. Es handelt sich dabei um nicht mehr und nicht weniger als eine semantische Trivialität. Ich werde sie „semantische Trivialität über Teleologie“, abgekürzt *STT,* nennen. Die auf S. 662 dieses Buches aufgestellte, sicherlich von vielen Lesern prima facie als befremdlich empfundene Behauptung, daß alle Fälle von echter Teleologie Fälle von echter Kausalität sind, stützt sich in der Hauptsache auf diesen elementaren Zusammenhang.

Die Einsicht, daß es sich hierbei um eine semantische Trivialität handelt, habe ich gewonnen, lange bevor ich etwas von moderner Logik und Wissenschaftstheorie wußte. Ich bin auch nicht auf dem Wege über die Philosophie der normalen Sprache dazu gelangt. Vielmehr war es die Lektüre des Buches *Vom Dasein Gottes* von FRANZ BRENTANO, und zwar genauer seine Behandlung des teleologischen Gottesbeweises auf S. 214—383, die mir diese Erkenntnis vermittelte. Darin findet sich die vermutlich erste saubere Formulierung der Struktur des Beweisganges. Vor allem macht BRENTANO unzweideutig klar, daß der entscheidende Schritt des Beweises *nicht* der Übergang von der zweckmäßigen Ordnung des Weltalls zu einem Verstand und Willen ist, der diese Zweckordnung geschaffen hat. Dieser Schlußschritt ist für ihn vielmehr völlig elementar und trivial, ähnlich dem Schluß von der Aussage „*X* ist Junggeselle“ zu „*X* ist unverheiratet“; denn hierfür genügt eine bloße Bedeutungsanalyse (im einen Fall von „Zweck“ bzw. „Zwecksetzung“, im anderen von „Junggeselle“). Der nichttriviale Teil des Schlusses, der große Mühe bereitet und den BRENTANO im zweiten Teil des Beweisganges (S. 300—369) zu erbringen versucht, besteht darin nachzuweisen, daß der *Anschein einer Zweckordnung*[3] im All auf einer *wirklichen Zweckordnung* beruht. In diesem Zusammenhang versucht BRENTANO, Alternativtheorien, einschließlich der Theorie von DARWIN, zu widerlegen, die den Anschein der Zweckordnung auf andere Weise erklären zu können glauben.

Die *STT* beinhaltet somit: Wer immer, ohne den Boden der normalen Sprache zu verlassen, von Zwecken, Zielen oder etwa auch von Plänen, spricht, der setzt damit ausdrücklich die Existenz eines zwecksetzenden, die Ziele verfolgenden, die Pläne entwerfenden und verwirklichenden Verstandes

---

[3] BRENTANO spricht vom „Schein“ der Teleologie, aber er meint damit das, was gemäß heutigem Sprachgebrauch „Anschein“ genannt wird. Auch heute noch verwenden wir im Alltag häufig das Wort „scheinbar“, wo eigentlich „anscheinend“ gemeint ist.

und Willens voraus. Macht er keine derartige Voraussetzung, so liegt zumindest eine mißverständliche Redeweise vor: Er dürfte, ebenso wie BRENTANO in der Prämisse seines Beweisganges, nur vom *Anschein* einer Zweckordnung, dem *Anschein* einer Zielintention oder dem *Anschein* eines nach einem vorbereiteten Plan ablaufenden Prozesses sprechen.

Von dieser *STT* machte BRENTANO offensichtlich in seinen Gedankengängen Gebrauch. Denn er erkannte, daß die zweckmäßige Ordnung des Weltalls nicht eine der *Prämissen* des teleologischen Beweises, sondern die *Conclusio* des Beweises ist. Daß selbst in diesem Bereich, wo nach Kantischer Ansicht die Grenze möglicher Erfahrung überschritten ist, der von mir behauptete Zusammenhang von Teleologie und Kausalität gilt, zeigt abermals die Sprechweise der Verfechter des teleologischen Beweises, darunter auch wieder von BRENTANO: Der die Zweckordnung schaffende Verstand und Wille werden korrekterweise als deren *Ursachen* bezeichnet, die diese Zweckordnung *bewirken*.

Kehren wir nun zum Thema *Teleologische Erklärung* zurück. Entweder wir haben es mit zielintendiertem menschlichen Handeln zu tun oder nicht. Im ersten Fall läuft eine Erklärung entweder auf eine kausale, an die eine oder andere Variante des Ducasse-Satzes anknüpfende hinaus oder auf ein verstehendes Erklären im Sinn des neuen Anhanges zu **VI**. Auf den darin beschlossenen (potentiellen oder effektiven) Streit zwischen „Kausalisten" und „Verstehenstheoretikern" brauchen wir im gegenwärtigen Zusammenhang nicht nochmals zurückzukommen, da wir es hier gerade nicht mit dieser ersten Alternative zu tun haben.

Wenn kein zielintendiertes Handeln vorliegt (und auch kein Vorgang, der durch die Tätigkeit eines höheren Tieres hervorgerufen wird, welche wir in eine gewisse Analogie zu zielbewußtem menschlichen Handeln bringen könnten), so gerät der Verfechter einer teleologischen Erklärung sui generis, soweit ich zu erkennen vermag, in das folgende *Teleologie-Trilemma*:

(1) Entweder er beschränkt sich auf den deskriptiven Gebrauch von „Teleologie" im engeren Sinn (vgl. Abschn. 1), wie dies nach v. FRITZ ARISTOTELES beim nichtnormativen Gebrauch getan hat. Dann mag er vielleicht in der Lage sein, eindrucksvollere und bessere Phänomen*beschreibungen* zu liefern als andere. Aber er muß jeden Erklärungsanspruch fallen lassen und kann daher auch keine Konkurrenztheorie für eine erklärende Theorie, wie z. B. den Darwinismus, entwickeln.

(2) Oder er vollzieht gemäß dem Vorgehen von BRENTANO – nur jetzt nicht auf die Welt als ganze, sondern das untersuchte spezielle Phänomen bezogen – den Übergang vom *Anschein* der Zweckordnung auf eine *wirkliche* Zweckordnung und erklärt die Vorgänge teleologisch. Dann muß er wegen *STT* die Existenz entsprechender, mit Verstand und Willen begabter Wesen postulieren, durch deren zielbewußte Tätigkeit die fraglichen Vorgänge bzw. Phänomene zu erklären sind. Die Beweislast, daß es solche Wesen gibt, liegt in

diesem Fall bei ihm, so daß er, wenn es keine dieses Postulat stützende empirische Befunde gibt, dem Einwand ausgesetzt bleibt, die Grenzen des wissenschaftlich Vertretbaren überschritten zu haben.

(3) Oder aber er erklärt die Vorgänge mit Hilfe von „freischwebenden“ Zwecken, hinter denen kein zwecksetzender Verstand und Wille steht. Dann verstößt sein Vorgehen gegen *STT und wird damit unverständlich*.

Einen Ausweg könnte man in der Weise versuchen, daß man die dritte Alternative mit einer „es sei denn, daß ...“-Klausel versieht. Hier sehe ich prinzipiell nur zwei Möglichkeiten, eine aus dem Trilemma führende Einsetzung in „...“ vorzunehmen. Die erste dieser Möglichkeiten ist bereits an früherer Stelle anläßlich der Vitalismus-Kritik erwähnt worden: Der Zweckbegriff könnte zu einem theoretischen Begriff erklärt werden, vorausgesetzt, es werde eine Theorie aufgestellt, die diesen Begriff als Schlüsselbegriff enthält. In diesem Fall müßte man auf jede weitere Diskussion verzichten, bis die Frage beantwortet ist: *Wie lautet diese Theorie?* Falls eine solche Theorie formuliert würde, hätte sie vermutlich die Konsequenz, die Rede von Zwecken in eine metaphorische Sprechweise zu verwandeln, analog wie dies in der Newtonschen Theorie bezüglich der Begriffe *Kraft* und *Masse* der Fall ist. (In älteren Lehrbüchern der Physik findet sich gelegentlich eine Definition der trägen Masse, wonach diese gleichzusetzen sei mit dem Widerstand eines Objektes gegen eine Änderung seiner Lage. Dies soll den Begriff zur alltäglichen Erfahrung in Beziehung setzen: Das Klavier hat größere Masse als das Sofa, weil es meinem Versuch, es zu verschieben, größeren Widerstand entgegensetzt als das letztere. Doch das theoretische Verständnis der Terme „Masse“ und „Kraft“ wird durch solche Erläuterungen nicht gefördert; vielmehr müssen dafür die allgemeinen Prinzipien sowie Gesetze verstanden werden, in denen diese beiden Terme vorkommen. Daher wäre es sinnvoll diese beiden Wörter durch neue Kunstwörter zu ersetzen. Ähnlich würde es sich vermutlich im vorliegenden Fall mit dem Term „Zweck“ verhalten. Genaueres könnte man erst sagen, wenn die fragliche Theorie vorläge.)

Die zweite Möglichkeit beinhaltet: Es sei denn, Brentano, ich selbst und all die vielen, die von der *STT* einen stillschweigenden oder ausdrücklichen Gebrauch machen, haben uns geirrt und es ist möglich, den Begriff des Zweckes ohne Bezugnahme auf ein bewußtes, zwecksetzendes Wesen zu explizieren. Tatsächlich scheint es so, als hätten Spaemann und Löw so etwas vor Augen, insbesondere auf S. 261—262 von [Wozu?]. So etwa heißt es auf S. 262: „Das stärkste antiteleologische Argument beruht auf einer Verwechslung von *Vorsatz* und *Zweck*!“ Es würde dann zwei Begriffe von *Zweck* geben, etwa $Zweck_1$ und $Zweck_2$ genannt. Das von Vorsätzen geleitete menschliche Handeln wäre gleichzusetzen mit dem durch $Zweck_1$ geleiteten Handeln. In anderen Bereichen aber soll von $Zwecken_2$ die Rede sein, die nicht mit Vorsätzen identisch sind. Dieser Begriff $Zweck_2$ wäre jetzt zu explizieren, und zwar wegen der ersten Möglichkeit als ein nicht theorienrelativer Begriff. Die Beweislast, oder genauer, die *Explikationslast,* liegt bei denen, die den Begriff *Zweck*$_2$ für explizierbar halten. Ich kann dazu nicht mehr sagen als *daß ich keine Vorstellung davon habe, wie die Lösung dieser Aufgabe aussehen sollte.* Ich hatte eigentlich erwartet, auf den folgenden Seiten Ansätze für eine derartige Explikation zu finden. Aber dort ist wieder nur von Menschen die Rede, die Zwecke setzen. Daß darin die Aspekte der Sittlichkeit und des Bewußtseins zur Sprache kommen, ist daher, sofern ich die Intention der Autoren nicht mißverstanden habe, als Bestandteil eines zusätzlichen Einwandes gegen die Evolutionstheorie gedacht, aber nicht als Explikation des vorsatzfreien Zweckbegriffes.

Damit sind wir bei einem Punkt angelangt, wo es als zweckmäßig erscheint, einen Blick auf die Evolutionstheorie zu werfen. Erst dadurch werde ich das eingangs gegebene Versprechen einlösen können; denn das (deterministische wie statistische Regularitäten einschließende) Subsumtionsmodell ist bisher noch nicht zur Sprache gekommen. Besserer Übersicht halber werde ich die folgenden Punkte numerieren:

(*i*) Auf S. 241 bemerken SPAEMANN und LÖW, daß der Darwinismus keine falsifizierbare Hypothese, sondern ein wissenschaftliches Paradigma im Sinn von T. S. KUHN ist. Diese Feststellung unterschreibe ich voll und ganz. Außerhalb der Bereiche der Physik und Chemie, auf die sich KUHN hauptsächlich bezieht, handelt es sich geradezu um ein *paradigmatisches Beispiel für ein Paradigma* im Sinne KUHNS. Man könnte auch den Ausdruck „Forschungsprogramm" von LAKATOS verwenden oder, wie dies innerhalb des strukturalistischen Theorienkonzeptes geschieht, von einem theoretischen Rahmen sprechen (vgl. **XI, 6, (5)**).

T. S. KUHN vergleicht gegen Ende seines Buches [Revolutions], S. 172 f. (deutsch: [Revolutionen], S. 224 f.) seine Vorstellungen vom wissenschaftlichen Fortschritt mit dem Darwinschen Konzept, und zwar deshalb, weil er meint, daß in beiden Fällen derselbe Grund dafür zu erblicken sei, daß die Theorien als anstößig empfunden wurden und noch werden. Es war keineswegs die Idee der Evolution als solche, die vielmehr bereits durch zahlreiches empirisches Material nahegelegt und weitgehend verbreitet war. Alle bekannten vorangehenden Evolutionstheorien „hatten die Evolution als einen zielstrebigen Prozeß angesehen. Die ‚Idee' des Menschen und der derzeitigen Flora und Fauna, so glaubte man, war präsent seit der Erschaffung des Lebens, vielleicht im Geiste Gottes. Diese Idee, dieser Plan hatte die Richtung gewiesen und die leitende Kraft gestellt für den gesamten evolutionären Prozeß" ([Revolutionen], S. 225). Und er fügt hinzu, daß das Bedeutungsvollste und am wenigsten Angenehme an DARWINS Anregungen „die Verabschiedung dieser teleologischen Form der Evolution" war. Die Überzeugung DARWINS, daß Variation und natürliche Auslese den Menschen zusammen mit den höheren Tieren und Pflanzen hervorgebracht haben könnte, „war der schwierigste und beunruhigenste Aspekt der Darwinschen Theorie" (a.a.O. S. 225).

Dem könnte man folgendes hinzufügen: In der Darwinschen Problemstellung zeigt sich zugleich die Wirksamkeit von *STT* sowie des Millschen Subsumtionsmodells. Man kann den Darwinschen Gedankengang schematisch so rekonstruieren: „Wenn man die Evolution als zielstrebigen Prozeß ansieht, dann muß man die Existenz eines den Evolutionsplan entwerfenden Wesens postulieren (*STT*!). Damit aber wäre der Bereich dessen, was sich wissenschaftlich rechtfertigen läßt, eindeutig überschritten; denn es gibt keine empirischen Befunde, die auf eine solche planende Instanz hinweisen. Dann aber muß es möglich sein, die Evolution als einen wissenschaftlich erklärbaren Prozeß aufzufassen, d. h. als einen Prozeß, der unter klar formulierbare und nachprüfbare Gesetze subsumiert werden kann (Subsumtionsmodell!)." Mit seinen beiden Prinzipien *Variation* und *natürliche Auslese* glaubte er, die beiden die Erklärungsleistung erbringenden Gesetzmäßigkeiten gefunden zu haben.

(*ii*) Es ist zweckmäßig, sich klarzumachen, warum das Forschungsprojekt Darwins keine widerlegbare Hypothese ist. Dieses Merkmal teilt Darwins Konzept mit der von Newton entworfenen Rahmentheorie, doch sind die Gründe in den beiden Fällen völlig verschieden. Der Newtonsche Rahmen ist im wesentlichen durch das zweite Axiom festgelegt. Und dieses ist unwiderlegbar, weil es die beiden theoretischen Begriffe *Masse* und *Kraft* enthält, die nur in theorienabhängiger Weise meßbar sind, d. h. deren Messung die Gültigkeit eben dieses Prinzips bereits voraussetzt. (Dieser Sachverhalt ist erst in jüngster Zeit von J. D. Sneed entdeckt worden; auch darüber wird in **XI, 6** kurz referiert.)

Im Fall des Darwinschen Paradigmas gibt es gleich zwei voneinander unabhängige Gründe. Erstens waren die beiden Prinzipien *Variation* und *Selektion* zunächst viel zu vage formuliert, um empirisch nachprüfbar zu sein. Eine lange Zeit der Forschung war nötig, um herauszubekommen, was insbesondere hinter dem ersten Prinzip stand (nämlich Mutationen und Rekombinationen von Genen) und wie es mit dem zweiten Prinzip zusammenwirkte. (Daß F. Brentano im zitierten Buch in einer für damalige Leser scheinbar so überzeugenden Weise gegen Darwin polemisieren konnte, beruhte im wesentlichen darauf, daß er auf die damals noch bestehenden vielen Unklarheiten und Lücken im Darwinschen Projekt hinwies.) Der zweite Grund, den man übrigens erst seit kurzem kennt, ist der, daß die Mutationen molekulare Prozesse darstellen, die bestimmt werden durch Vorgänge auf der Ebene der Elementarteilchen. Nach heutiger physikalischer Auffassung aber sind dieses Prozesse von irreduziblen statistischen Gesetzen beherrscht. Und statistische Gesetze sind nicht falsifizierbar. (Für einen kurzen Einblick in diesen Sachverhalt vgl. Bd. IV, Teil D. Hier sei nur soviel gesagt: Statistische Hypothesen sind natürlich *empirisch nachprüfbar*. Aber die Nachprüfung kann nicht die einfache Gestalt annehmen, daß man widerlegende Gegenbeispiele für sie sucht; denn streng genommen gibt es für eine statistische Hypothese keine Gegenbeispiele.)

(*iii*) Wie lange es dauerte, bis sich das Darwinsche Paradigma verbreitete, kann man zwei Feststellungen auf S. 8 des Buches von E. Mayr, [Species], entnehmen: Im Jahre 1909 erschienen zur 50-jährigen Feier der Publikation von Darwins Hauptwerk eine Reihe von Bänden mit Berichten über damals abgehaltene Kongresse. Die darin veröffentlichten Auffassungen der Evolutionstheoretiker gingen vollkommen auseinander. Weitere 50 Jahre später, anläßlich der 100-Jahrfeier der Erscheinung des Darwinschen Werkes 1959, hatte sich das Bild völlig geändert: Die Evolutionstheoretiker stimmten in den prinzipiellen Fragen überein und die Meinungsverschiedenheiten beschränkten sich auf spezielle Detailfragen. In der Sprechweise von T. S. Kuhn könnte die Situation so beschrieben werden: Noch 50 Jahre, nachdem Darwin seine Grundthesen verkündet hatte, befand sich die Evolutionstheorie in der präparadigmatischen Phase, während sich erst in den Jahrzehnten danach ein einheitliches Paradigma herausbildete. Es sei an einige, weltanschauungsunabhängige Gründe für diese Verzögerung erinnert:

(*a*) Theoretische Fortschritte finden in den Naturwissenschaften gewöhnlich nur dann statt, wenn sie durch empirische Befunde gestützt werden. Als einzige derartige Disziplin kam die Paläontologie in Frage. Ihre Resultate kamen langsam und waren lückenhaft. Sie werden auch, was immer hier noch entdeckt werden mag, für alle Zukunft prinzipiell lückenhaft bleiben, da z. B. durch Hunderte von Millionen von Jahren auf der Erde Weichtiere lebten, die keine Spuren hinterließen.

(*b*) Darwins Annahme von Variationen mußte lange als eine rein spekulative Hypothese angesehen werden. Erst viel später entdeckte man das, was heute unter der Bezeichnung „Mutation" bekannt ist. Dabei sind auch hier wieder zwei Phasen zu unterscheiden: erstens die Entdeckung dieses Phänomens als solchen und zweitens die molekularbiologische Aufklärung dieses Phänomens, die erst in den letzten Jahrzehnten, nach der Auffindung des genetischen Codes, erfolgte. (Obwohl über dieses Thema sehr viel geschrieben worden ist, sei hier doch das letzte Buch von v. Ditfurth, [Wir], erwähnt, worin sich eine sowohl prägnante als auch sehr anschauliche Schilderung findet, insbesondere im ersten Teil, 5, sowie 7 bis 9; es wird dort auch auf die Gefahr hingewiesen, die mit mißverständlichen Ausdrücken verbunden ist, so etwa mit der sehr unglücklichen Wendung „Kampf ums Dasein", unglücklich deshalb, weil die in diesem Daseinskampf stehenden Wesen im Verlauf ihres Lebens gewöhnlich nicht einmal Kenntnis voneinander nehmen.)

(*c*) Um die Theorie weiterführen zu können, mußten auch viele falschen Hypothesen eliminiert und durch bessere ersetzt werden. Dies gilt insbesondere für die Genetik. Eine Evolutionstheorie ohne brauchbare Genetik kann nicht funktionieren. Der genetische Apparat wurde aber erst seit Mendel (genauer: seit der späteren, unabhängigen Wiederentdeckung der Mendelschen Gesetze) zur Verfügung gestellt. Darwin selbst hatte zwar auch genetische Prinzipien entworfen, aber diese waren, im Lichte späterer Erkenntnisse betrachtet, vollkommen daneben geraten. So bemerkt E. MAYR auf S. 10 von [Species], jeder heutige Biologe wisse, daß die evolutionstheoretischen Ideen von DARWIN korrekt waren, während seine genetischen Theorien so falsch gewesen seien wie sie nur hätten sein können.

(*d*) Auch hier spielt die molekularbiologische Weiterentwicklung eine entscheidende Rolle. So etwa nimmt man heute an, daß neben den Mutationen die Rekombination der Gene eine ebenso bedeutsame Rolle im Evolutionsprozess spielen.

Diese Liste ließe sich natürlich weiterführen; es sollten nur einige wichtige Aspekte hervorgehoben werden.

(*iv*) In den letzten Jahren ist versucht worden, die Evolutionstheorie auch dafür zu verwenden, Aufschluß über die Entstehung des Lebens überhaupt zu gewinnen. Besondere Beachtung hat hier die Theorie von M. EIGEN gefunden. Nach SPAEMANN und Löw kann diese Theorie schon deshalb nicht befriedigen, weil hier die Lösung des Problems des Überganges der Materie in belebte Strukturen davon abhängig gemacht wird, „auf welche Definition des Lebens sich gerade die materialistischen Biologen in ihrer Mehrzahl geeinigt haben“ (a.a.O. S. 255). Um den Anspruch erheben zu können, dieses Problem gelöst zu haben, müßten wir mehr als „einfallsreiche Definitionen“ haben, nämlich „endgültige Kriterien für das Phänomen des Lebens“ (a.a.O. S. 255).

In der Tat wird es vermutlich noch sehr lange dauern, bis wir über solche endgültigen Kriterien verfügen werden. Es scheint mir jedoch, daß man *dieses* Problem lösen kann, ohne überhaupt auf die Definitionsproblematik einzugehen, nämlich mittels derjenigen Methode, die ich in anderem Zusammenhang die Methode der paradigmatischen Beispiele nannte. Vorausgesetzt wird im vorliegenden Fall nur, daß Übereinstimmung darüber besteht, daß ein gewöhnliches Großmolekül kein Lebewesen ist, während ein wenn auch noch so primitiver Einzeller einen Beispielsfall für ein Lebewesen bildet. Wenn dann gezeigt werden kann, wie der Einzeller aus dem Großmolekül hervorgeht, und zwar unter ausschließlicher Berufung auf die heute verfügbaren physikalischen und chemischen Gesetzmäßigkeiten, dann hat man, ohne den heutigen Wissensstand überschreiten zu müssen, so etwas wie eine wissenschaftliche Erklärung der Entstehung von Lebewesen geleistet.

Natürlich steckt hier sehr viel hypothetisches Wissen. Aber dies gilt im Prinzip für alle empirischen Wissenschaften und für die Evolutionstheorie im besonderen Maße, weil diese ja gar nicht eine ganz bestimmte *einzelne* Theorie ist, sondern ein kompliziertes Geflecht ineinandergreifender Einzelhypothesen und -theorien. Sie kann als ganze nur indirekt gestützt werden. Die Fachleute werden die beste Stützung vermutlich darin erblicken, daß sich dieses Hypothesengeflecht zu einem zunehmend besseren Verständnis der Entwicklung des Lebens zusammenfügt.

Auf molekularbiologischer Ebene gehen die Meinungen in den Einzelheiten noch weit auseinander. Dies zeigt z. B. die Existenz der „Gegentheorie" von Hans Kuhn zur Theorie von Eigen. (Ich habe in [Gegenwartsphilosophie II], auf S. 655—711 über beide Theorien berichtet. Die Theorie von Kuhn lag damals nur in Ansätzen vor. Sie ist inzwischen ausgearbeitet worden in [Self-organization].)

(*v*) Die irreduzibel statistischen Gesetze, auf denen die Mutationen beruhen, sind außer ihrer Nichtfalsifizierbarkeit noch in anderer Hinsicht wissenschaftstheoretisch bedeutsam: Die ihnen unterliegenden Geschehnisse sind prinzipiell nicht voraussagbar. Man kann dann zwar noch immer das Wort „erklären" gebrauchen und im Fall der Kenntnis der Gesetze sagen, daß man das Funktionieren des statistischen Mechanismus zu erklären vermöge. In bezug auf die resultierenden Einzelheiten jedoch muß man sich mit einem statistischen Situationsverständnis begnügen; u. U. muß man dabei zur Kenntnis nehmen, daß sich sehr Unwahrscheinliches ereignet hat. (Dieser Fall wird jetzt in **XI**, **6** in die Erklärungsfamilie eingeordnet.)

Angewendet auf die Evolution wird dieser Sachverhalt durch das folgende Bild verdeutlicht, das v. Ditfurth benützt hat (vgl. [Anfang], S. 185): Stellen wir uns vor, daß wir die Zeit auf der Erde um 4 Milliarden Jahre zurückschrauben könnten und zwar nicht einmal, sondern sehr oft, so daß wir dieses Spiel sich immer und immer wiederholen ließen. Dann würde jedesmal ein anderes Ergebnis herauskommen; die heute die Erde bevölkernden Species würden nie mehr auftreten. Genauer gesagt: Die Wahrscheinlichkeit dafür, daß sich der Evolutionsprozeß noch einmal in derselben Weise wiederholen würde, ist so ungeheuer gering, daß diese Wahrscheinlichkeit vernachlässigt werden kann. In einem nicht unerheblichen Prozentsatz würde überhaupt kein Leben mehr auf der Erde anzutreffen sein, weil Mutationen, die zur Anpassung an Krisen erforderlich gewesen waren, nicht rechtzeitig stattfanden (wie z. B. die „Erfindung" der Photosynthese, welche die erste Welternährungskrise überwinden half; oder die rechtzeitige Anpassung der Lebewesen an das „tödliche Giftgas" Sauerstoff). In den anderen Fällen würde ein außerirdischer Beobachter jedesmal andere und neue Species antreffen.

Auch der Laplacesche Dämon würde, trotz genauer Kenntnis aller die Elementarprozesse beherrschenden statistischen Gesetze, auf die Frage, was bei diesem Evolutionsprozeß herauskommen wird, nur ratlos mit den Achseln zucken.

(*vi*) Menschen neigen zu Übertreibungen; auch Evolutionstheoretiker. Ein in vielen Hinsichten erfolgreicher Ansatz verführt dazu, mit ihm einen Erkenntnisanspruch zu verbinden, der weit über das tatsächliche Leistungsvermögen dieses Ansatzes hinausgeht. Bei der Beschäftigung mit dem Phänomen der Evolution ist diese Verführung besonders groß. Auch ohne Fachmann in evolutionstheoretischen Fragen zu sein, glaube ich die Bedenken von Spaemann und Löw auf S. 256 ff. von [Wozu?] teilen zu müssen, soweit diese sich gegen den Anspruch der Evolutionstheorie richten, eine Erklärung des *Bewußtseins* und der Existenz *sittlicher Normen* geliefert zu haben. Allerdings würde ich es auch nicht von vornherein ausschließen, daß selbst diese Phänomene einer evolutionstheoretischen Behandlung zugänglich gemacht werden *könnten*. Vorläufig, so scheint es mir, müssen wir uns hier allerdings des Urteils enthalten.

Dieser evolutionstheoretische Agnostizismus wird möglicherweise keine der beiden Seiten befriedigen, weder die evolutionstheoretischen Optimisten, noch ihre Gegner. Fragen wir nach den Gründen, so stellen wir vermutlich fest, daß es auf beiden Seiten dieselbe *antizipatorische Ungeduld* ist, bereits auf der Grundlage des schmalen heutigen Wissensstandes ein definitives *Ja* oder *Nein* erzwingen zu wollen. Ich möchte mich daher darauf beschränken, meine Haltung zu begründen.

Erstens sollten wir gerade hier eines weisen Ausspruchs von K. Popper eingedenk sein, nämlich daß unsere Unwissenheit grenzenlos ist. Selbst in relativ elementaren Bereichen, wo nur mit gut fundierten Hypothesen gearbeitet wird, liegen, ganz abgesehen von den in (*v*) zur Sprache gekommenen Zufallsschwankungen, bislang meist keine vollwertigen Erklärungen, sondern nur Erklärungsskizzen, vor.

Zweitens, und dies ist für mich das entscheidende, wissen wir noch gar nicht, wie eigentlich das Problem zu formulieren ist. Blicken wir z. B. auf die rätselvollen Bemerkungen Wittgensteins über Schmerzen; ferner auf Ausführungen Quines über ähnliche Phänomene, die sich wie eine neurophysiologische Umdeutung von Bewußtseinsprozessen ausnehmen; und schließlich auf die betont dualistische Auffassung Poppers, so werden wir eingestehen müssen, kaum eine Fassung des „Problems der Entstehung des Bewußtseins“ zu finden, der auch nur diese drei Philosophen zustimmen würden. Im moralphilosophischen Bereich liegen die Dinge vielleicht noch mehr im argen. Da gibt es die Absolutisten und die Relativisten; diejenigen, die glauben, hier gehe es darum, etwas zu entdecken, und diejenigen, die meinen, Normen würden niemals entdeckt, sondern konstruiert; auf der einen Seite die Vertreter einer teleologischen und auf der anderen Seite die einer deontologischen Ethik usw. In allen diesen Hinsichten müßte wenigstens eine prinzipielle Klarheit erzielt worden sein, bevor man so etwas wie das Problem der Entstehung der Moral formulieren könnte. (Vielleicht ist bereits die Annahme fiktiv, daß *ein* Problem übrig bleiben würde. Möglicherweise müßte in beiden Fällen die *eine* Frage in zahlreiche *verschiedene* Fragen aufgesplittert werden, deren jede getrennt unter evolutionstheoretischem Aspekt in Angriff zu nehmen wäre.) Sollte dennoch hartnäckig nachgebohrt werden: „Aber man kann sich doch wenigstens Gedanken darüber machen, sei es auch nur spekulative, ob die Entstehung des Bewußtseins und das Auftreten moralischer Normen evolutionstheoretisch erklärbar ist!“, so sollte man ebenso hartnäckig erwidern: „Wie kann man verlangen, über die Lösung von

Problemen nachzudenken, von denen man nicht weiß, wie sie lauten?" Die Aufforderung kann zunächst nur dahin gehen, sich um einen Beitrag zur Klärung der Fragestellungen zu bemühen.

Vorausgesetzt, daß die Problemformulierungen glücken, ist von heutiger Sicht aus alles möglich. Es kann sein, daß der heutige evolutionstheoretische Ansatz, bereichert um geeignete Spezialisierungen und Ergänzungen, für die Bewältigung der Probleme ausreichen wird. Es kann sich aber auch erweisen, daß Bewußtsein und Sittlichkeit für die Evolutionstheorie zu Anomalien werden, ähnlich wie die „verrückte" Umlaufbahn des Planeten Merkur eine Anomalie für die Newtonsche Gravitationstheorie bildete. Dann wird, um mit T. S. Kuhn zu reden, ein neues Paradigma dem alten Platz machen müssen. Doch wird auch dieses sich am Subsumtionsmodell orientieren, d. h. eine Deutung mit Hilfe von Naturgesetzen versuchen. Schließlich ist auch der Fall denkbar, daß man zwar den evolutionstheoretischen Ansatz für prinzipiell anwendbar halten, sich jedoch eingestehen wird, daß die effektive Durchführung dieser Anwendung das menschliche Leistungsvermögen überschreitet. Für extrem unwahrscheinlich halte ich es jedoch, daß man im Falle des Nichtgelingens die Evolutionstheorie als solche preisgeben wird. Denn Bewußtsein und Sittlichkeit, dies sollte man nicht vergessen, gehörten nicht zu den *intendierten Anwendungen* der von Darwin konzipierten Theorie.

Ich komme zum Abschluß und damit zu einer Beantwortung der eingangs gestellten Frage aus meiner Sicht. Auf derselben Seite 14, auf der sich die zitierten Äußerungen von Spaemann und Löw finden, ist vom *Teleologieproblem* die Rede. Ich bin nicht ganz sicher, wie die beiden Autoren dieses Problem genau formulieren würden. Für mich selbst jedenfalls sieht es, wieder nach Zuschnitt auf die Erklärungsproblematik, folgendermaßen aus: (1) Wie läßt sich der Anschein der Zweckmäßigkeit in der organischen Natur erklären? (2) Unterstellt, daß wir bei kritischem Vorgehen für die Beantwortung von (1) nicht auf eine wirkliche Zweckordnung zurückgreifen können, weil wir dann eine zwecksetzende Entität (die planende Natur, ein übersinnliches Wesen etc.) zu postulieren hätten, für deren Existenz keine erfahrungswissenschaftlichen Beweisgründe bekannt sind, so müssen wir nach einer naturwissenschaftlichen Theorie Umschau halten, welche die gewünschte Erklärung liefert oder zumindest aufgrund verfügbarer positiver Ansätze zu liefern verspricht. Der evolutionstheoretische Ansatz bildet die einzige heute bekannte Theorie dieser Art. Tatsächlich ist, um die Worte von Spaemann und Löw zu gebrauchen, das Verfahren äußerst umständlich, mit dessen Hilfe hier gezeigt wird, daß „so verstandene Zwecke" (lies: im Einklang mit *STT* verstandene Zwecke) „in der außermenschlichen Natur nicht ‚vorkommen' ". Um dies *endgültig* gezeigt zu haben, werden sicherlich noch Jahrhunderte vergehen. Und im Verlauf dieser Entwicklung kann es sich durchaus erweisen, daß der Darwinsche Ansatz auf Schwierigkeiten stößt. Dies aber würde die Wissenschaftler nicht dazu verleiten, die Frage nach dem *Warum* durch die nach dem *Wozu* zu ersetzen, sondern sie nur veranlassen, eine adäquatere und empirisch besser fundierte Theorie an die Stelle der überkommenen Evolutionstheorie treten zu lassen, sich also prinzipiell, wie schon erwähnt, weiterhin am Subsumtionsmodell zu orientieren.

Selbstverständlich bleibt es jedermann unbenommen, trotzdem die Frage nach dem *Wozu* zu stellen – aber warum dann nicht gleich in bezug auf die Existenz des Universums? –, eine Frage, die für mich nur Sinn ergibt, wenn man sie als eine an mindestens ein mit Verstand und Willen ausgestattetes Wesen gerichtete Frage interpretiert. Wer diese Frage stellt, sollte sich nur darüber klar sein, von welcher Position aus dies geschieht: Es sind nicht wissenschaftliche Gründe, die ihn zwingen, aus dem Forschungsbetrieb auszusteigen oder ihn zu transzendieren, sondern außerwissenschaftliche Motive, die ihn veranlassen, diese Frage zu stellen und eine Antwort darauf erhalten zu *wollen*. In diesem seinem Willen ist er natürlich unwiderlegbar.

Bibliographie

Brentano, F., *Vom Dasein Gottes,* Nachdruck der ersten Auflage (1929), Hamburg 1968.

von Ditfurth, H. [Anfang], *Am Anfang war der Wasserstoff,* Hamburg 1972.

von Ditfurth, H. [Wir], *Wir sind nicht nur von dieser Welt,* Hamburg 1981.

Eigen, M., „Selforganization of Matter and the Evolution of Biological Macromolecules", *Die Naturwissenschaften* Bd. 58 (1971), S. 465—528.

Jacob, F., *Die Logik des Lebendigen,* Frankfurt a. M. 1972.

Kuhn, H., und J. Waser [Self-organization], "Self-organization of Matter and Early Evolution of Life"; Preprint eines Beitrages in: W. Hoppe, W. Lohmann, H. Markl und H. Ziegler (Hrsg.). *Biophysics,* New York 1982.

Kuhn, T. S., *The Structure of Scientific Revolutions.* Chicago 1962; deutsche Übersetzung [Revolutionen], *Die Struktur wissenschaftlicher Revolutionen*, Frankfurt a. M. 1973.

Mayr, E. [Species], *Animal Species and Evolution*, Cambridge, Mass., 1973.

Spaemann, R. und R. Löw [Wozu?], *Die Frage Wozu?*, München-Zürich 1981.

Stegmüller, W., Bd. IV, Studienausgabe Teil D: *‚Jenseits von Popper und Carnap'*, Berlin-Heidelberg-New York 1973.

Stegmüller, W., Bd. IV Studienausgabe Teil E: *Statistische Begründung. Statistische Analyse*, Berlin-Heidelberg-New York 1973.

Stegmüller, W. [Gegenwartsphilosophie II], *Hauptströmungen der Gegenwartsphilosophie,* Band II, Stuttgart 1979.

Vollmer, G., *Evolutionäre Erkenntnistheorie,* Stuttgart 1980.

3. Zwei Bemerkungen über Funktionalanalysen

(**I**) W. Salmon hat in [Explanation] eine Andeutung darüber gemacht, wie man der Funktionalanalyse in neuartiger Weise zu Leibe rücken könnte. Zur Illustration diene ein Beispiel, das den in Abschn. 4 behandelten Fällen ähnlich ist. Die Aufgabe bestehe darin, eine Erklärung für den Hämoglobingehalt des Blutes zu geben. Es wird die Erklärung vorgeschlagen, daß das Hämoglobin die Funktion habe, Sauerstoff von den Lungen zu den Zellen der Teile des Organismus zu befördern.

Die logische Schwierigkeit, in die wir mit diesem Vorschlag zu einer funktionellen Erklärung geraten, wollen wir diesmal in etwas anderer Weise zeigen. Wir betrachten zunächst das Argument:

Hämoglobin befördert (in einem Tier mit normal funktionierendem Blutkreislauf) Sauerstoff von den Lungen zu den anderen Teilen des Körpers.

(*A*) Dieses Tier hat Hämoglobin im Blut.

In diesem Tier wird Sauerstoff von den Lungen zu den anderen Teilen seines Körpers befördert.

Dies ist ein *gültiges* Argument. Leider nützt es uns nichts; denn das zu Erklärende, das Explanandum, ist nicht mit den Conclusio identisch, sondern bildet die zweite Prämisse des Argumentes, während die Conclusio einen Teil des Explanans ausmacht.

Vertauscht man die zweite Prämisse mit der Conclusio, so ist alles an die richtige Stelle befördert worden; das Explanandum wird zur Conclusio und das Explanans besteht aus der Gesamtheit der Prämissen, nämlich:

Hämoglobin befördert Sauerstoff von den Lungen zu den anderen Teilen des Körpers.

(*B*) In diesem Tier wird Sauerstoff von den Lungen zu den anderen Teilen des Körpers befördert.

Dieses Tier hat Hämoglobin im Blut.

Leider nützt uns dies abermals nichts; denn (*B*) ist offenbar *kein* gültiges Argument. Das Dilemma der Funktionalanalyse läßt sich daher auch so formulieren: Entweder das Explanandum steht an falscher Stelle oder das erklärende Argument ist logisch inkorrekt.

Die Überlegung von Hempel, an die wir in Abschn. 4 anknüpften, ging dahin, die korrekte Gestalt des Argumentes zugrunde zu legen und das gewünschte Resultat dadurch zu erhalten, daß man eine Verstärkung der Prämissen oder eine Abschwächung der Conclusio in Betracht zieht.

Dieser Lösungsvorschlag beruhte auf der stillschweigenden Hintergrundannahme, daß eine Erklärung als ein erklärendes *Argument* rekonstruiert werden müsse. Gerade diesen Gedanken gibt Salmon in seiner Theorie preis; er versucht, vor allem probabilistische Erklärungen in nichtargumentativer

Weise zu deuten. (Um Wiederholungen zu vermeiden, soll die Theorie von SALMON hier nicht nochmals geschildert werden; eine knappe Darstellung findet sich in **XI, 6** unter (2); die technischen Details sind ausgeführt in Bd. IV, Teil E, Abschn. 4. Wie die dortige kritische Untersuchung zeigt, sollte man die von SALMON vorgeschlagenen Explikate statt als (statistische) Erklärungen als (statistische) Analysen bezeichnen. Falls die Übertragung auf den gegenwärtigen Fall gelänge, hätte man dann eine Deutung der Funktionalanalysen *als Analysen* in einem präzisen Sinn des Wortes gewonnen, die keine Argumente bilden.)

Wenn man, wie HEMPEL, am argumentativen Charakter einer Erklärung festhält, dann muß die angeführte erklärende Tatsache im Verein mit den im Explanans verwendeten Gesetzen eine *hinreichende* Bedingung für das Explanandum-Ereignis sein. Im Hämoglobin-Beispiel aber ist diese erklärende Tatsache, wie (A) zeigt, eine *notwendige* Bedingung des Explanandum-Ereignisses. Da dies die typische Situation in allen funktionellen Erklärungen ist, schlägt SALMON vor, tatsächlich notwendige Bedingungen als erklärende Bedingungen zu rekonstruieren (und damit natürlich gleichzeitig den Argumentationsanspruch von Erklärungen fallenzulassen). Das Problem reduziert sich dann auf die Frage: *Unter welchen speziellen Umständen können notwendige Bedingungen als Bestandteile echter Erklärungen auftreten*? Daß solche speziellen Umstände angegeben werden müssen, liegt auf der Hand; denn ohne nähere Qualifikation kann man notwendige Bedingungen nicht für Erklärungszwecke benützen: Die Tatsache, daß X geboren wurde, erklärt nicht, warum X ein weltberühmter Pianist wurde, obwohl jene Tatsache eine notwendige Bedingung für das letztere ist.

SALMON meint nun, daß sich innerhalb seiner Erklärungstheorie ein Lösungsvorschlag bezüglich der gesuchten speziellen Umstände abzeichne. Er erläutert es in [Explanation], S. 61 ff., dadurch, daß er die klassische Traumtheorie von Freud, wonach Träume als Wunscherfüllungen erklärt werden, auf ein eigenes Erlebnis anwendet. Er schildert, wie er sich eines Tages mit der Rezension eines Buches plagte, in dem sich ein Beispiel über Hunde fand, die durch ihr lautes Bellen das Absolute manifestieren. In der darauf folgenden Nacht träumte er, von einem Rudel wütender Hunde gejagt zu werden. Gemäß der Theorie von Freud hatte dieser Traum vermutlich die Funktion, seinen Wunsch zu erfüllen, der unangenehmen Aufgabe des vorangehenden Tages zu entgehen. Die Schwierigkeit ist hier zunächst dieselbe wie oben: Selbst bei Annahme der Richtigkeit der Freudschen Theorie zeigt die Erklärung nicht, daß *nur dieser spezielle Traum* die Funktion erfüllte; viele andere Träume hätten vermutlich dieselbe Leistung erbracht. In technischer Sprechweise: Die erklärende Tatsache, nämlich der unerfüllte Wunsch, ist eine notwendige, aber keine hinreichende Bedingung des Explanandum-Ereignisses, d. h. des Traumes. Aber nach der Theorie FREUDS ist dieser unerfüllte Wunsch im folgenden Sinn eine *relevante* notwendige

Bedingung: Es werde die gesamte Klasse aller Nachtträume unterteilt gemäß den Erlebnissen des vorangehenden Tages. Dann ist die Wahrscheinlichkeit dieses bestimmten Traumes in der engeren Bezugsklasse der Träume nach Tageserlebnissen der geschilderten Art viel größer als sie in der ursprünglichen Bezugsklasse war. (SALMON benützt hier offenbar einen zusätzlichen Aspekt, der auch unsere Behandlung probabilistischer Erklärungen in **XI** gegenüber der Hempelschen auszeichnen wird: Während HEMPEL stets hohe Wahrscheinlichkeit verlangt, wird hier nur eine *Erhöhung* der Ausgangswahrscheinlichkeit, d. h. eine positive Relevanz, gefordert.)

Wie SALMON selbst zugibt (a.a.O. S. 62), genügt dieses zusätzliche Relevanzmerkmal nicht, um eine notwendige Bedingung für die Zwecke einer adäquaten Funktionalanalyse auszuzeichnen. Dies kann man sich leicht an einem anderen von SALMON behandelten Fall klarmachen, nämlich dem Beispiel der progressiven Paralyse (welches bereits auf S. 216 zur Sprache kam und in **XI, 4** nochmals genauer analysiert werden soll). Die Ausgangssituation bildet die Tatsache, daß Menschen äußerst selten unter dieser Krankheit leiden. Wie man herausbekam, ist latente, nicht behandelte Syphilis eine notwendige Bedingung für das Auftreten von progressiver Paralyse. SALMONS Überlegung verläuft nun weiter so: Latente, nicht behandelte Syphilis erhöht zwar beträchtlich die Wahrscheinlichkeit eines späteren Auftretens von progressiver Paralyse, aber immer noch auf einen relativ niedrigen Wert, der z. B. etwas unterhalb von 0,1 liegt. Wenn man nun – wiederum nicht HEMPEL, sondern SALMON folgend – für probabilistische Erklärungen nur positive Relevanz statt hoher Wahrscheinlichkeit verlangt, dann liefert diese zusätzliche Information eine Erklärung für das Auftreten von progressiver Paralyse in einem konkreten Fall.

Die Behauptung SALMONS, daß eine Erklärung geliefert werde, wollen wir nicht bestreiten. Nur wird man diese nicht als eine *funktionelle* Erklärung bezeichnen wollen. Denn sonst müßten wir sagen, nicht behandelte Syphilis habe die Funktion, in den an ihr erkrankten Personen progressive Paralyse hervorzurufen.

Wenn es also überhaupt gelingen sollte, notwendigen Bedingungen als solchen eine funktionelle Erklärungsleistung in den Fällen zuzusprechen, wo diese Bedingungen in einem präzisen Sinn *relevante* Bedingungen sind, dann wird diese Relevanz jedenfalls nicht allein in positiver statistischer Relevanz, d. h. in Wahrscheinlichkeitserhöhung, bestehen können. Man müßte sich nach zusätzlichen Relevanzmerkmalen umsehen.

(II) Es soll noch eine andere Deutungsmöglichkeit, die sich merkwürdigerweise in der Literatur nicht zu finden scheint, in Erwägung gezogen werden. Danach bestünde eine Funktionalanalyse wirklich in dem Sinn in einer *Analyse,* als sie zwei Komponenten enthielte, nämliche eine kausale Gesetzmäßigkeit und eine Optimalitätsaussage. Die erste besteht im obigen Beispiel in der Feststellung, daß Hämoglobin den Effekt hat, den Sauerstoff von der Lunge zu den anderen Körperteilen zu befördern. Die Fassung der zweiten Komponente is prima facie überraschend; denn *darin wird die scheinbar teleologische Formulierung beibehalten*, also z. B. gesagt, daß der Effekt für das Überleben des Organismus wichtig sei und daß Hämoglobin diese lebenswichtige Funktion optimal erfülle. Das darf jedoch nicht dahingehend mißverstanden werden, als wollte der Funktionalanalytiker bei dieser wörtlich genommenen Aussage stehen bleiben. Vielmehr enthält die zweite Komponente seiner Feststellung einen impliziten Pauschalverweis auf eine andere Disziplin, die für die Aufklärung dieses Sachverhaltes zuständig ist, nämlich die *Evolutionstheorie*. Der Gedankengang des Funktionalanalytikers wäre danach ungefähr so wiederzugeben: „Sauerstoff mußte bereits bei den Vorfahren dieses Tieres in die anderen Körperteile befördert werden; nur diejenigen, welche eine entsprechende Vorrichtung besaßen, überlebten, während diejenigen Artgenossen, bei denen die Sauerstoffbeförderung unzulänglich war, ausstarben etc." *Die Detailbeschreibung bzw. -erklärung wird dem für die tierische Evolution kompetenten Fachmann überlassen*. Es wird also gewissermaßen im Sinn einer interdisziplinären Arbeitsteilung die eigentliche Aufgabe zuständigkeitshalber entweder an eine andere Instanz zur Lösung weitergegeben oder als dort bereits bewältigt unterstellt, bewältigt natürlich in einem nichtteleologischen Sinn.

Diese Deutung hätte den Vorteil, das Erklärbare vom nicht Erklärbaren klarer abzugrenzen als dies bisher geschehen ist. So etwa entfiele die schwierige Frage nach den funktionellen Äquivalenten (vgl. oben S. 697). Da nämlich für die Realisierung genau einer der meist zahllosen funktionellen Äquivalente eine Mutation erforderlich ist, die auf einer *statistischen .Zufallsschwankung* beruht, *ist hier keine Erklärung mehr möglich*. Sollte z. B. jemand mit der so gedeuteten Funktionalanalyse des Chlorophylls – nämlich daß das Chlorophyll die Photosynthese als Effekt hat und daß diese für die Pflanzen lebenswichtig ist – nicht zufrieden sein, dann könnte man nur versuchen, ihn mit der Schilderung zweier möglicher Weltverläufe zu trösten: „Hätte sich anläßlich der ersten ‚Welternährungskrise', die weit mehr als eine Milliarde Jahre zurückliegt, durch Zufallsmutationen weder Chlorophyll noch eine funktionelle Alternative davon gebildet, so wäre bereits damals alles Leben auf der Erde zugrundegegangen. Hätte sich dagegen statt des Chlorophylls eine funktionelle Alternative herausgebildet, so wäre die ganze folgende Entwicklung des Lebens anders verlaufen." Vielleicht wird man einmal so weit kommen, aufgrund einer genaueren Rekonstruktion der damaligen physikalisch-chemischen Bedingungen sowie einer genaueren Kenntnis des „Photosynthese" genannten Prozesses zeigen zu können, warum die Bedingungen für die zum Chlorophyll führende Mutation besonders günstig waren. Selbst im günstigsten Fall wird man dabei aber nicht um die Tatsache herumkommen, daß es sich in letzter Analyse um einen *prinzipiell nicht erklärbaren* Zufallsprozeß handelt.

Zumindest für Funktionalanalysen in der Biologie läge eine derartige Deutung nahe. Ob sie auch für die in Abschn. 4.c genannten Gebiete in Frage kommt, müßten die dafür kompetenten Fachleute entscheiden.

Bibliographie

SALMON, W. C. [Explanation], *Statistical Explanation and Statistical Relevance*, Pittsburgh 1971.